U0584517

饌
广

Karen Horney

Our Inner
Conflicts

我们内心的冲突

Our Inner
Conflicts

［美］卡伦·霍妮 著

王纪卿 译

中国友谊出版公司

图书在版编目（ＣＩＰ）数据

我们内心的冲突 ／（美）卡伦·霍妮著 ；王纪卿译
. —— 北京 ：中国友谊出版公司，2021.10（2023.11 重印）
书名原文：Our Inner Conflicts
ISBN 978-7-5057-5334-1

Ⅰ . ①我… Ⅱ . ①卡… ②王… Ⅲ . ①精神分析
Ⅳ . ① B84-065

中国版本图书馆 CIP 数据核字 (2021) 第 188757 号

书名	我们内心的冲突
作者	[美]卡伦·霍妮
译者	王纪卿
出版	中国友谊出版公司
发行	中国友谊出版公司
经销	新华书店
印刷	北京中科印刷有限公司
规格	880毫米×1230毫米　32开
	7.75印张　130千字
版次	2021年12月第1版
印次	2023年11月第5次印刷
书号	ISBN 978-7-5057-5334-1
定价	39.90元
地址	北京市朝阳区西坝河南里17号楼
邮编	100028
电话	(010) 64678009

版权所有，翻版必究

如发现印装质量问题，可联系调换

电话　(010) 59799930-601

目录

前言

　　本书是为促进精神分析而作。它产生于有关我的患者以及有关我自己的分析工作的经验之中。它提出的理论经历了多年的进化，但直到我在美国精神分析学会支持下准备做一系列讲座时，我的想法才最终定型。第一系列讲座以这个课题的技术层面为中心，题为《精神分析技术问题》（1943）。第二系列讲座涵盖了本书探讨的问题，是1944年提出的，题为《人格整合》。精选课题是《精神分析治疗中的人格整合》《超脱心理学》《施虐狂倾向的含义》，已在医学院展示并提交精神分析促进会。

　　我希望本书会有助于那些真正有志于提高我们理论水平与治疗水平的精神分析师。我也希望他们不仅会将本书提出的想法用来帮助患者，还会将之应用于本身。精神分析的进步只能在艰难中获取，我们自身与自身的困难也包含在内。如果我们安于现状、墨守成规，我们的理论肯定会变得空洞而武断。

但我深信，任何一本书，只要超出了纯粹技术问题或抽象心理学理论的范围，对那些希望了解自己并没有放弃为自己的成长而努力的人也会是有益的。我们生活在这种困难的文明之中，大多数人都陷入了本书阐述的冲突，需要能够得到所有的帮助。虽然严重的神经症要由专家来处理，我仍然相信，只要不懈努力，我们自身也能走过漫漫长路来解除我们自己的冲突。

我首先要感谢患者，他们在我们共同的工作中使我对神经症有了更好的理解。我还要感谢同事，他们以关注和同情理解支持我的工作。这里我指的不仅是老同事，也是指同事中的年轻人，他们在我们学院培训，他们批评性的讨论是具有激励性并卓有成效的。

我要提及精神分析领域之外的三个人，他们以其特殊的方式支持我推进工作。阿尔文·约翰逊博士给我机会在社会研究新学院发表自己的观点，当时经典的弗洛伊德式精神分析在分析理论与实践中还是唯一得到公认的学派。克拉拉·梅耶，社会研究新学院哲学与人文科学系的主任，给过我更为特殊的帮助，年复一年，她以持续不断的个人关注支持我，只要我的分析工作中产生了新的发现，她就会和我一起探讨。还要感谢我的出版商 W.W. 诺顿，他有益的建议给我的著作带来了许多

改进。最后但并非最不重要的，我要对密涅特·库恩表示感谢，
她对我更好地组织材料、更清晰地阐述思想大有裨益。

卡伦·霍妮

导论

不论从何处出发，不论道路多么曲折，我们终究会抵达人格失调的根源，见到心理疾病的源头，就像针对几乎所有其他心理学的发现一样。针对这个发现，我们同样可以说：这其实是一个重新发现。历来的诗人与哲学家都懂得，平静安详、通情达理的人绝不会沦落为精神错乱的牺牲品，而遭受内心冲突折磨的人却难免此劫。用现代语言来说，每一种神经症，不论症状描述如何，都是性格神经症。所以我们在理论与治疗中努力的目标，必须是加深对神经症性格构造的理解。

诚然，弗洛伊德伟大的开创性工作日益趋同于这种观念，但其起源学说未容许他对其进行清晰地阐述。但继续并发展了弗洛伊德工作的其他人，尤其是弗兰茨·亚历山大、奥托·兰克、威廉·赖希，还有哈拉尔德·舒尔茨－亨克，他们更清晰地定义了这种观念。不过，他们当中还没有人对这种性格构造的具体性质与诱发动因取得一致意见。

我自己的出发点有所不同。弗洛伊德关于女性心理的假定促使我思考文化因素的作用。什么东西构成了男子气概或女性气质？我们的想法明显受到了这些文化因素的影响，而在我看来同样明显的是，弗洛伊德由于没有考虑这些因素而得出了一些错误结论。十五年来我对这个课题的兴趣逐渐增强。我与埃利希·弗洛姆的联手在某种程度上进一步增强了这种兴趣。弗洛姆通过其在社会学与精神分析学两方面的渊博知识，使我更懂得了社会因素对女性心理的重要性，超越并高于其受限的应用。当我于 1932 年来到美国时，我的印象得到了证实。我当时看到，在这个国度里，人们的态度与神经机能病在许多方面不同于我在欧洲国家观察到的情况，我还明白了只有文明的差异可以解释这种状况。我终于在《当代神经症人格》一书中表达了自己的结论。这个结论的主要内容是，神经症是由文化因素引起的，更具体地说，神经症产生于人际关系中的困扰。

在我写作《神经症人格》之前的数年间，我曾继续进行另一条线上的研究，从逻辑上而言它是较早那个假设的延续。它围绕着神经症驱动力何在的问题展开。弗洛伊德是指出这是强迫性驱动力的第一人。他把这种驱动力看作天性中的本能，旨在得到满足与排斥挫折。因此他相信这些驱动力并不局限于神经症本身，而是作用于所有人类。然而，如果说神经症是困扰的人际关系的产物，这个假设就不可能成立。简而言之，我在这方面得出的想法如下：强迫性驱动力是神经症特有的；它们产生于孤独感、绝望、恐惧和敌意，代表了为应对鄙视这些感情的世界所采取的办法；它们主要追求的不是满足，而是安全；它们的强迫性是缘于潜伏在其背后的焦虑。这些驱动力中有两种，即对感情与权力的神经症渴望，在《神经症人格》一书中首次以分明的轮廓引人注目，并且得到了详细的阐述。

那个时候，尽管我保留了我所理解的弗洛伊德学术的基本原理，我仍然意识到，我对加深理解的探索已经将我引向了与弗洛伊德不同的方向。如果说，那么多被弗洛伊德当成本能的因素是由文化所决定的；如果说，那么多被弗洛伊德当成性欲的因素是神经症对感情的欲求，是由焦虑导致的，是为了与他人相处时感到安全，那么，力比多理论就不再能站住脚了。童年的经历仍然是重要的，但其对我们生活施加的影响就以新的面目出现了，随之而来的必然会是理论上的其他差异。因此我有必要在自己脑子里定位我相对于弗洛伊德而言的立场。澄清这个问题所得到的结果便是《精神分析新方法》一书的诞生。

与此同时，我对神经症驱动力的探索仍在继续。我把强迫性驱动力称为神经症倾向，而在我接下来的著作中描述了其中的十种类型。当时我又到达了一个里程碑，认识到神经症性格构造具有最高的重要性。那时候，我认为它是由许多微观世界相互作用而构成的宏观世界。每个微观世界的核心都是一种神经症倾向。这种神经症理论有过实际的应用。如果说，精神分析的主要手段并非将我们现在的困境与我们过去的经历关联起来，而是更多地依赖于对我们现存人格中各种力量相互作用的理解，那么在只有少量甚至完全没有专业帮助的情况下，要认识并改变我们自己也是完全办得到的。人们对精神治疗有广泛的需求，而可以得到的援助是不足的，面对这种情况，自我分析似乎为我们带来了希望，可以满足性命攸关的需求。由于那本书的大部分篇幅都是讨论自我分析的可能性、局限性和方法，所以我将之命名为《自我分析》。

不过，我对于自己有关个体倾向的陈述并不完全满意。当然，对那些倾向本身，我都做了精确的描述；但我耿耿于怀的是，在我单纯枚举一个个病例的时候，它们是以过于孤立的形态呈现的。我能看出，对情感的某种神经症欲求，强迫性的自谦，以及对"伙伴"的需求，是搅和在一起的。我未能认识到，它们一并代表了对人对己的一种基本态度，一种特殊的人生哲学。我现在把这些倾向捏合为一团，把它们当成所谓"亲近人"态度的核心。我还认识到，对权力、特权与神经症野心的强迫性渴望是有一些共同之处的。它们大致构成了与我所谓"对抗人"态度相关的因素。而对得到崇拜的欲求和完美主义的强烈冲动，尽管已经打上了所有神经症倾向的戳记，并影响到神经症患者与他人的关系，却好像主要是涉及患者与他自身的关系。还有，对利用他人的欲求似乎不如情感欲求与权力欲求具有那么大的基础性；它貌似不如后两者那么广泛，似乎它不是一个独立的实体，而是从某个更大的整体中切割出来的。

我的质疑后来被证明是合理的。在接下来的岁月里，我关注的焦点转向了冲突在神经症中的作用。我在《神经症人格》中说过，神经症是通过不同神经症倾向的相互碰撞而呈现的。在《自我分析》中我说过，神经症倾向不仅相互强化，而且制造冲突。不过冲突一直被当成次要的问题。弗洛伊德越来越多地了解了内心冲突的重要性；但他将之视为已被抑制与正在抑制的力量之间的战斗。我一开始所认识的冲突是不同类别的。它们是在一组相互矛盾的神经症倾向之间起作用，虽然它们原本是涉及对他人的矛盾态度，但经过一段时间后，它们包含了对自身的矛盾态度，包含了相互矛盾的品质与一整套相互矛盾的价值观。

逐步深入的观察使我看清了这种冲突的重要性。最令我震惊的是患者对自己身上明显存在的矛盾竟然视而不见。当我指出这些矛盾时，他们竟然避而不谈，似乎失去了兴趣。在反复经历这种事情后，我认识到他们的逃避表明了他们对提及这些矛盾的强烈反感。最后，突然察觉到冲突的存在引起的恐慌反应向我表明，我是在跟炸药打交道。患者有充分的理由回避这些冲突；他们害怕冲突的力量会把他们撕碎。

接着我开始认识到，为了"解决"冲突而或多或少做出的看不到希望的努力，或更准确地说，为了否认冲突的存在并制造虚假的和谐，患者投入的能量与智慧是何其之多！我看到了解决问题的四大企图，本书大致按照它们发生的次序逐一介绍。最初的企图是抹杀冲突中的一部分，而将其对立面提升至主导地位。第二个企图则是"逃避"人。神经症超然态度的作用现在有了新的面目。超然态度乃是基本冲突的一部分，也就是说，在原本相互冲突的对他人的各种态度中，超然态度是其中的一种；但它又代表为解决问题而做的一种努力，因为在自我与他人之间保持情感距离能使冲突不起作用。第三个企图在类型上大不相同。神经症患者不是逃避他人，而是逃避自身。其现实的整个自我在他看来变得有些失真了，他制造自己的理想化形象来取而代之，在这个形象中相互冲突的部分变得面目全非，不再以冲突出现，而是变成了一种丰富人格的不同层面。这种观点有助于澄清神经症的许多迄今为止还不能为我们所理解的问题，因此也是我们的疗法还解决不了的问题。它也使从前抵制整合的两种神经症倾向各归其位了。追求完美现在表现为与这种理想化形象保持一致的企图；渴望崇拜可以视为患者对外部肯定的欲求，希望别人肯定其理想化形象是真实的他。那形象距离现实越远，这后一种欲求在逻辑上就越贪得无厌。在解决问题的所有企图中，理想化形象或许是最重要的，因为它对整个人格具有深远的影响。但反过来它又制造了新的内心裂缝，因此需要进一步的弥补。解决问题的第四个企图，其主要目的便是消除这道裂缝，不过它也有助于拐走其他所有的冲突。通过我所谓的"外化作用"，内心进程被当成了自我之外发生的体验。如果理想化形象意味着从现实的自我离开了一步，那么外化作用则标志着更彻底的分离。它又制造了新的冲突，或者说大大加剧了原来的冲突，即在自我与外部世界之间发生的冲突。

我把这些步骤称为解决问题的四大企图，部分是因为它们似乎总在所有神经症中发生作用，只是程度有所不同而已；部分是因为它们给人格带来了直接的改变。但它们绝非仅有的企图。还有一些不那么具有普遍意义的企图，包括以下一些对策：如主观正确，其作用是压制所有的怀疑；如严格自制，它靠纯粹的意志力来把撕裂的个体拢合起来；还有愤世嫉俗，它贬低所有的价值，以消除与理想关联的冲突。

与此同时，所有这些未解决冲突的后果也逐渐在我眼前变得清晰起来。我看到了产生的多种恐惧、精力的浪费、节操的必然损害，以及由千丝万缕感情纠葛导致的深度绝望。

只有在我把握了神经症绝望的意义之后，我才终于认识到了施虐狂倾向的意义。我现已明白，这些倾向代表了一种通过间接体验的生活来恢复原状的企图，这是无望于活出自身本色的人才会着手进行的。在施虐狂的追求中通常被观察到的强烈激情，是产生于这样一个人对报复性胜利的贪得无厌的欲求。于是我逐渐认识到，对破坏性利用的欲求事实上并非独立的神经症倾向，而只是永不会出错地表明了一种综合性更强的整体倾向，由于缺乏更好的术语，我们将这个整体倾向称为"施虐狂"。

于是一种神经症理论逐步形成，其动力学中心是三种态度之间的基本冲突，它们分别是"亲近人""对抗人"与"逃避人"。神经症患者一方面由于他害怕被撕裂，而另一方面由于作为整体运行的必要性，他会拼命地尝试解决冲突。尽管他能够如此成功地制造出虚假的平衡，但新的冲突会不断产生，总是需要进一步的补救措施来消除这些冲突。在这种为统一性而做的斗争中，每个步骤都使神经症患者更有敌意、更加绝望、更加恐惧、更加疏远自己与他人。结果是，造成冲突的困难变得更加严重，其真正的解决方法越来越难获得。他最终变得绝望，可能试图在施虐狂追求中寻找某种补偿，这反过来又具有加深绝望、制造新冲突的效果。

显然，这是一幅相当凄惨的图景，描绘了神经症患者的养成及其形成的性格构造。但我为什么要把我的理论称为"建设性的理论"呢？首先它排除了不切实际的乐观主义，竟然坚信我们能用简单得荒谬的手段"治愈"神经症。但它又与同样脱离实际的悲观主义无关。我说它是"建设性"的，理由是它首次容许我们着手对付并解决神经症的绝望。我说它是"建设性的"，最重要的理由是，尽管它承认神经症麻烦的严重性，但它不仅允许缓和潜在的冲突，而且还允许我们在实际上解决冲突，这样就使我们能够努力获得真正完整的人格。神经症冲突无法由理性的决定来解决。神经症患者解决问题的企图不仅无效，而且有害。但要解决这些冲突，是可以通过改变人格中产生冲突的条件来达到目的的。凡是做得不错的分析工作都会改变这些条件，因为这会使患者少一些失望，少一些恐惧，少一些敌意，并少一些对自身与他人的疏远。

弗洛伊德针对神经症及其治疗的悲观主义来源于他对人类善良与人类成长的深度怀疑。他假定说，人类是注定要受苦或毁灭的。驱动人类的本能只能加以控制，至多也只能得到"净化"。我本人的信念是，人类有能力也有愿望去开发其潜能，并成为得体的人，如果他与他人的因此也是与自己的关系受到并持续遭受干扰，那么这些潜能就会衰退。我相信，人只要活着就能改变并继续改变。这种信念是随着理解的深入而成长的。

我们内心的冲突

Our Inner
Conflicts

第一部分

神经症冲突及为解决冲突所做的努力

第一章　神经症冲突的惨痛

请容我开篇如此说：并非神经症患者才会有冲突。此时或彼时，我们的愿望，我们的兴趣，我们的信念，必定会与我们周围其他人的愿望、兴趣、信念相碰撞。正如我们自身与我们环境之间的这种冲撞是寻常之事一样，我们自己的内心冲突也是人类生活中不可缺少的一部分。

动物的行为主要是由本能所决定的。其交配，其照料幼崽，其觅食，其防御危险，或多或少是按设置行事，不以个体意志为转移。与此相对照，人类能够做出选择，必须做出决定，既是特殊的优势，也是负担。我们可能必须在逆向行进的欲望之间做出抉择。我们可能，举例来说，既想要孤独却又想要陪伴，我们可能既想学医却又想学音乐。或者，我们的愿望与义务之间存在某种冲突：当有人遇到麻烦需要我们照料时我们可能希望跟情人幽会。我们可能被撕裂开来,一方面怀着与他人一致的愿望,另一方面又深信需要表达与之相龃龉的意见。最终,我们会处于冲突之中,夹在两种不同的价值观之间,当我们在战时认为应该承担某种危险工作却又认为应该承担对家庭的义务时,这种冲突就会发生。

这种冲突的类型、范围与强度,主要取决于我们生活在其中的文明。如果该种文明是稳定的,受到传统的约束,呈现出来的选择的多样性便是有限的,而可能发生的个人冲突的范围便是狭窄的。但即便在这种情况下也是不乏冲突的。一种忠诚会干扰另一种忠诚;个人欲望会对立于团体义务。但如果该种文明处于快速转型期,其中并存着高度矛盾的价值观与有分歧的生活方式,那么个人必须做出的抉择就会是多种多样的和困难的。他可能遵从社团的期望,也可能成为特立独行的个人主义者;他可能合群,也可能离群索居;他可能崇拜成功,也可能蔑视成功;他可能相信对孩子应该严加管束,也可能允许他们在没有太多干扰的环境中成长;他可能认为应该为男人和女人制定双轨的道德标准,也可能认为应该用单一的标准约束两性;他可能认为性关系是人类亲密度的表达,也可能认为它不是感情的纽带;他可能赞成种族歧视,也可能有不同的站位,认为人的价值与肤色或鼻子形状无关——等等,等等。

毫无疑问,生活在我们这种文明中的人,必须经常做出这些选择，因此你会预想到这些方面的冲突是相当普遍的。但惊人的事实是，大多数人并不知晓这些冲突，因此也不会做出明确的决定来解决它们。他们往往放任自流，让自己为意外所左右。他们不明白自己的立场；他们做出了妥协却不明白自己在妥协；他们卷入了矛盾却不自知。这里我指的是正常人，意思是既非普通人也非完人，只是并非神经症患者而已。

那么，认识相互矛盾的问题并在此基础上做出决定，必定有一些前提。这些前提具有四重性。我们得了解我们的愿望是什么，甚至得了解我们的感觉是什么。我们是真正喜欢某个人，还是仅仅因为别人如此期望才认为自己喜欢他？父母当中有一个故去了，我们是真正感到悲哀，还是仅仅装作悲哀走走过场？我们是真心想当律师或医生，还是仅仅因为这种职业受人尊重并收入丰厚才使我们动心？我们是真心想要自己的孩子幸福并且自立，还是仅仅口头表示支持这种想法而已？我们大多数人会发现难以回答如此简单的问题；也就是说，我们不明白自己真正的感受或需求。

由于冲突往往会与信念、信仰或道德价值观相关联，对它们的认识会有一个前提，即我们已经形成了自己的价值观体系。别人灌输给我们的而非我们自有的信仰很难有足够的力量来引致冲突或成为做抉择的指导原则。当受到新的影响时，这种信仰很容易被放弃、被替代。如果我们只是被动吸收了在我们环境中培育出来的价值观，那些为了我们的最大利益应该会发生的冲突便不会发生。举例说，如果父亲心胸狭窄，而儿子从未质疑过他的智慧，那么当父亲叫他从事并非他自己喜欢的职业时，就不会发生大的冲突。男人娶妻后爱上了别的女人，那他确实是卷入了冲突；但当他未能建立自己有关婚姻意义的信念时，他将只会放任自流，只做很小的抵抗，而不会直面冲突来做出这样或那样的抉择。

即便在我们如此认识了冲突时，我们也必定会愿意并能够从那两个相互矛盾的问题中放弃其中的一个。但很少有人具有明确而自觉的自制能力，因为我们的感受和信仰是混乱的，或许还因为在最终的分析中大多数人都没有足够的安全感和愉悦感来舍弃任何东西。

最后，做决定的前提是心甘情愿，以及具有为此承担责任的能力。这会涉及做出错误决定的风险和情愿承担后果而不归咎于他人。这会牵涉到感受。"这是我的选择，是我做的决定。"他显然必须比现在的大多数人拥有更大的内心力量和独立性。

由于我们当中有那么多人已被冲突死死地掐住了脖子，所以我们不管是否知情，总是倾向于以妒忌与钦佩的眼光看着那些日子过得和美顺畅而没有出过这种乱子的人。这种钦佩是有理由的。那些人可能是强者，他们已经确立了自己的价值观，或者已经获得了一定程度的宁静，因为随着岁月流逝，冲突与做抉择的需求已经失去了其改变生活方式的力量。但外表是可能具有欺骗性的。往往，由于超然、顺从与投机取巧，我们所妒忌的人其实是没有能力直面冲突或依靠他们自己的信念真正努力去解决冲突的，结果只能放任自流，或被眼前的利益所左右。

故意去体验冲突可能成为一份宝贵的资产，只是可能要忍受痛苦。我们越是直面自己的冲突，寻找出我们自己的解决方法，我们就越能获得内心的自由和力量。唯有在我们愿意承担这种冲击时，我们才能接近在自己的船上当船长的理想。植根于内心麻木中的虚假宁静绝不值得妒羡。它注定会使我们虚弱，使我们容易变成任何一种势力的牺牲品。

当冲突以人生中的主要问题为中心时，面对它们、解决它们就更难了。但假定我们有足够的活力，那么在原则上就没有理由说我们没有能力这么做。教育会大大有助于我们在人生中更加了解自我，有助于我们培育自己的信念。领会了涉及选择的各种因素的意义，会赋予我们奋斗的理想，并因此而给我们的人生指出方向。[①]

当一个人患了神经症时，在认识与解决冲突时总是不可避

---

① 对只是因环境压力变得麻木的普通人而言，哈利·埃摩森·佛斯迪克的《做个真正的人》这类著作会有很大帮助。

免的困难就会无限增大。不得不说，神经症总是个程度的问题，而当我说到"神经症患者"时，我一定是指"已患神经症的某人"。对他而言，对感觉与欲望的知觉是处于低潮的。通常，他有意识地、清晰地体验到的感觉，只有因弱点遭受打击而做出的恐惧与愤怒的反应。而就连这些感觉也可能处在压制之下。尚存的真正理想也充满了强制性标准，致使它们被剥夺了其指引方向的力量。在这些强迫性倾向支配下，拒绝的能力变得低下，为自己承担责任的能力已荡然无存。[①]

神经症冲突也可能关系到令正常人感到困惑的普遍性问题，但它们在类型上大不相同，所以出现了一个问题，即我们能不能对两者使用相同的术语。我认为这是能够的，但我们必须懂得区分。那么，神经症冲突究竟有什么特性呢？

举个已稍经简化的事例来说明吧。一名与他人合作研究机械的工程师经常饱受阵发性疲劳与烦躁之苦。有一次发作是由下面这件事引起的。在讨论某个技术问题时，认同其意见的与会者少，认同其合作者意见的与会者多。此后不久，在他缺席的情况下做了决议，随后也没给他发表意见的机会。在这种情况下，他本可以将此过程视为程序不公平，并奋起抗争；或者欣然接受大多数人的决定。这两种反应，无论哪种都不会造成

---

① 参见第十章"人格的贫化"。

矛盾。但他的反应不在两者之列。尽管他深感遭受了轻视，但他没有抗争。在他的意识里，他只感到自己被激怒了。他身上那股子足以杀人的怒气，仅仅出现在他梦里。这股子被压抑的愤怒，混合了他对别人的狂怒与他对自己的怒其不争，是导致他疲乏的主因。

他未能做出连续一致的反应，是由许多因素所决定的。他已树立起自以为了不起的形象，这就要求别人的尊重来支持这种人设。这在当时是不自觉的：他只是遵照一个前提来行动，即在他所处的领域中，没人比得上他的聪明才干。一点点轻视都会损害这个前提并激怒他。更何况，他在潜意识中具有痛斥与羞辱他人的施虐狂冲动，这种态度令他深恶痛绝，于是他以过度的友好来加以掩盖。在此之上，更添加了利用别人的潜意识冲动，使他不得不保持良好的风度。对赞赏与喜爱的强迫性欲求，通常与服从、迁就、避战的态度结合在一起，更加剧了对他人的依赖。于是就发生了冲突，一方面是毁灭性的攻击——反应性愤怒与施虐狂冲动，另一方面是对喜爱与赞许的欲求，还希望在他自己眼中显得公平合理。结果是内心在不知不觉间发生剧变，而其外在显示的疲劳则使所有行动陷入瘫痪。

审视与这种冲突相关的各种因素，我们首先会见识其绝对的不兼容性。既趾高气扬地要求尊重，又谄媚地顺从，确实很难想象会有比这更为极端的对立。其次，整个冲突一直是无意识的。

其中起作用的相互矛盾的倾向未被患者认知，却深受压抑。内心剧烈的斗争只有细小的泡泡冒出表面。情绪因素被合理化了：这是不公平的；这是轻视我；我的想法更好。第三，两个方向中的各种倾向都是强迫性的。对于自己的苛求，或者对于其依赖性的存在与性质，哪怕他有理性的感知，他也无法自发地改变这些因素。为了能够改变它们，需要做大量的分析工作。他在两方面都被他无法控制的不可抗力所驱使：他不可能放弃由迫切的内心需要提出的欲求。但这些欲求中没有一样代表他自己真正需要或寻求的东西。他既不想利用别人也不想对别人唯命是从；事实上他鄙视这些倾向。然而，这样一种事态对于了解神经症冲突具有深远的意义。它意味着没有一种抉择是可行的。

再举一个病例来说明，我们还会看到相似的情景。一位自由投稿的设计师从好友那里窃取小数额的金钱。这个小偷没什么外部情况促使他去偷钱；他需要钱，但好友会乐意给他钱，过去有时也曾这么做过。他之所以诉诸偷窃的原因是特别引人注目的，因为他是个正派的伙计，非常珍重友情。

偷窃的根源是以下的冲突。此人对别人的喜爱有明显的神经症欲求，尤其是渴望在所有实际问题上得到照顾。这种欲求与利用他人的潜意识冲动相融合，他的手法是想努力做到既受人喜爱又能威胁别人。这些倾向本身会使他愿意并热衷于接受帮助与支持。但他又养成了无意识的极度自负，包含了相应的脆弱的自尊。别人应该为能够服务于他而感到荣幸：他求助于别人是丢脸的。他厌恶向别人求助，对独立与自足的强烈渴望增强了他的厌恶，这种渴望使他无法忍受自己承认需要帮助，或把自己置于别人的恩惠之下。所以他能攫取，而不能接受。

这种冲突的内容与第一例的情况不同，但本质特性是相同的。其他任何一例神经症冲突都会呈现同样势不两立的冲突性冲动及其无意识性与强迫性，总是导致患者不可能在相关的相互矛盾的问题之间做出抉择。

如果划一条模糊的界线，那么普通冲突与神经症冲突之间的区别，根本上在于，各种相互冲突的问题之间的差异，对正常人而言比神经症患者小得多。正常人不得不做出的抉择是在两种行为模式之间，其中任一种模式在相当完整的人格框架内都是可行的。形象地说，相互冲突的方向只有几度或更小的差异，与此相对照的是，神经症患者面对的可能是180度的差异。

意识上的差别，也是程度上的不同。如同克尔凯郭尔①所指出的："仅仅凭借展示这种抽象的对比来描述现实生活是很难做到的，因为它具有太多的方方面面，这如同拿完全无意识的绝望与完全自觉的绝望来做比较。"不过我们至少可以说：正常的冲突可能是完全自觉的；神经症冲突在其所有基本要素

---

① 索伦·克尔凯郭尔：《致死之病》，普林斯顿大学出版社，1941年。

中总是潜意识的。哪怕是正常人也可能没有察觉他的冲突，但只要得到较小的助力就能认识它，而产生神经症冲突的基本倾向则被深深压抑着，只有克服很大的阻力才能将之揭露出来。

正常人的冲突是与两种可能性之间的选择相关联的，当事者发现这两种可能性都是真实可取的；或者是两种信念之间的选择，这两种信念都得到当事者真正的重视。因此他能够做出一个可行的抉择，哪怕这抉择也许对他很艰难，要求他对自己实行某种克制。陷入冲突的神经症患者是没有选择自由的。他为朝向相反的同样不可抗拒的力量所驱使，其中任一方向他都不愿前往。因此通常意义上的抉择是办不到的。他滞留于原地，找不到出路。要解决这种冲突，只能通过处理神经症倾向，而这样也就改变了他与别人和与他自身的关系，使他能够将那些倾向一并摒弃。

这些特性说明了神经症冲突的惨痛性。它们不仅难以认识，令人绝望，而且还具有破坏力量，使患者有充分的理由来害怕。我们只有了解这些特性，将之牢记于心，才能理解神经症患者为了解决问题拼了命也要去做的努力尝试①，才会明白这种努力构成了神经症的主要部分。

_____

① 在全书中我会用"解决"这个术语来指称神经症患者为消除其冲突所做的努力。由于他下意识地否认冲突的存在，严格地说，他不是试图去"解决"冲突。其下意识的努力是旨在"解决"他的问题。

第二章　基本冲突

　　冲突在神经症中扮演着极其重要的角色，其重要性超过了一般想象。然而查明冲突并非易事，部分因为它们基本上是下意识的，但更多是因为神经症患者总是竭尽全力否认冲突的存在。那么，使我们能够合理怀疑有潜在冲突的标志是什么呢？在上一章列举的例子中，它们的存在是由两个因素表明的，而这两个因素都相当明显。一个是作为结果而发生的症状，在第一例中是疲乏，在第二例中是偷窃。事实上，每一种神经症症状都表明有潜在的冲突；也就是说，每一种症状都或多或少是冲突的直接结果。我们将会逐步看到未解决的冲突会对人们起什么作用，它们如何制造焦虑、抑郁、优柔寡断、惰性、冷漠等等状态。在这里对因果关系的了解有助于我们将注意力从明显的困扰指向其源头，不过还不能揭示该源头的准确性质。

还有一个标志会揭示正在起作用的冲突，这便是自相矛盾。在第一例中我们看到一个男人深信某个程序是错误的，深信他受了不公正待遇，却没有采取行动去抗议。在第二例中，一个高度珍重友谊的人变成了从朋友那里偷钱的窃贼。有时候当事者本身会意识到这种不一致性；大多数时候他对此是盲目的，哪怕在这种矛盾对未受训练的观察者也是显而易见的时候。

自相矛盾是冲突存在的确凿征兆，就跟体温升高表明身体出了毛病一样。可以举出几个常见的例子：一个女孩一心想要嫁人，却总在面对男人追求时畏缩；一位过分操心孩子的母亲常常忘了他们的生日；一个对他人一贯慷慨大方的人却对自己吝啬小小的花费；另一个人渴望清静却从不设法独处；一个人能够原谅并忍受大多数人却对自己过于严厉和苛求。

与症状不一样，自相矛盾往往允许我们对潜在冲突的性质做试探性的假设。例如急性抑郁症仅仅表明患者陷入了窘境。但如果明显非常投入的母亲忘了其孩子的生日，我们就会倾向于认为这位母亲更加投入其当个好母亲的理想，而较少献身于她的孩子本身。我们也可以认可这种可能性：她的理想与挫败孩子的下意识施虐狂倾向相撞了。

有时候冲突会浮现于表面，也就是说患者会在意识中体验到这种冲突。由于我明确主张神经症冲突是下意识的，这似乎就与我的主张相矛盾了。但实际上浮现出来的是真实冲突的扭曲或变形。于是，患者可能为有意识的冲突所折磨，而同时，尽管他有逃避的技巧，在其他情况下是行之有效的，但他仍然会有面临必须做出重大抉择的时候。这时他无法决定要不要娶这个女人或那个女人，或者根本上要不要结婚；要不要接受这份或那份工作；要不要保持或解除一宗合作关系。那么他将经历最大的痛苦，在两个对立面之间摇摆不定，完全无法做出任何抉择。他在困扰中或许会去看某位分析师，期望他能厘清有关的特定问题。他必定会失望，因为当前的冲突只是一个节点，内心摩擦的炸药最终会在这个节点上爆炸。如果不走一段漫长曲折的道路去认识藏在它下面的那些冲突，眼下困扰他的那个特定问题是无法解决的。

在另一些病例中，内心的冲突可能被外化，并在当事者的显意识中表现为其自身与其环境之间的不相容。或者，某人发现似乎毫无来由的恐惧与顾虑干扰了他的愿望，他可能会察觉到自身的相反趋势是产生于更深的源头。

对一个人了解越多，我们就越能认识引起症状、自相矛盾与表面冲突的那些矛盾的要素，而且我们必须补充说，由于矛盾的多发性与多样性，情形会变得越加混乱。于是我们势必发问：会不会有一种基本冲突隐藏在所有这些特定的冲突之下，从根本上对所有冲突负责呢？例如就一桩不和谐的婚姻而言，其中有无穷无尽各种各样明显互不相干的分歧与吵闹，牵涉到朋友、孩子、财务、进餐时间、仆佣，全都指向这桩婚姻关系本身的某种根本分歧，我们能不能描绘出这种冲突的结构呢？

有一种古老的看法，认为人格中存在基本的冲突，这种看法在各种宗教与哲学中发挥了突出的作用。光明之力与黑暗之力，神力与魔力，正力与邪力，是人们表达这种看法的一些方式。在现代心理学中，在这一方面，如同在其他许多方面一样，弗洛伊德做了开拓性的工作。他的第一个假设就是，基本冲突是我们盲目渴望满足的本能驱动力与险恶环境——家庭与社会之间的冲突。险恶的环境在早年便被内化，从此便表现为可怕的超我。

在这里，以这种观念所应得的严肃态度来讨论它，是不大合适的。那会要求摘要地重述已经针对力比多理论提出的所有争论。让我们姑且试着去弄明白这个观念本身的含义，哪怕我们舍弃弗洛伊德的理论前提。那么剩下的就是一种争论，即原始的利己驱动力与我们克制之心之间的对立，是不是我们五花八门冲突的根源。稍后将会看到，我也把这种对立，或者说把在我的想法中大致与之相当的东西，摆在神经症结构中的一个重要位置。我所辩论的是其基本性质。我认为，尽管它是一种重要的冲突，但它仍然是次要的，是由神经症形成过程中的需要而产生的。

我提出这个反驳的理由在后文中将会变得显而易见。这里只提一个论据：我不认为在欲望与畏惧之间有什么冲突会导致神经症患者那么严重的内心分裂，会带来实际上毁掉患者人生那种高度有害的结果。弗洛伊德所假定的那种心理状况暗示着神经症患者保留了全心全意争取某种东西的能力，暗示着他只是在做这些努力时因恐惧的阻碍作用而遭受了挫折。我对此的看法是，冲突的根源是以神经症患者丧失了全心全意希望得到任何东西的能力为中心的，因为他的愿望全都分裂了，也就是说，走向了相互对立的方向。[①] 这将构成确实比弗洛伊德的设想还要严重得多的状况。

与弗洛伊德的看法相比，我认为基本冲突具有更大的分裂性，虽然如此，关于最终解决它的可能性，我的看法却比弗洛伊德更加积极乐观。按照弗洛伊德的观点，基本冲突是普遍存在的，是原则上无法解决的：所能做的只是达成较好的妥协或控制得好一些而已。照我的看法，基本的神经症冲突从一开始就并非一定会发生，如果发生了就是可以解决的，只要受害者愿意做出相当的努力并经受相关的磨难。这种区别不是乐观或

---

① 参见弗兰茨·亚历山大：《结构性与本能性冲突的关系》，载于《精神分析季刊》1933 年 4 月第 2 期第十一卷。

悲观的问题，而是我们前提不同导致的必然结果。

弗洛伊德后来对基本冲突问题所做的回答在哲学上是相当有吸引力的。再次将其思路的各种含义搁置到一边，其有关"生""死"本能的理论便会归结为人类建设性力量与毁灭性力量之间的冲突。弗洛伊德本人对于将这个观念强加到冲突之上并无多大的兴趣，他倒是对这两种力量融合的方式更感兴趣。例如，他看到了一种可能性，即把受虐狂与施虐狂驱动力解释为性本能与破坏性本能之间的融合。

要将这个观念运用于对冲突的研究，会要求我们导入道德价值观。不过，这些价值观对弗洛伊德而言是科学王国的入侵者。本着他的信念，他致力于开发一种避免道德价值观的心理学。我认为，从自然科学的意义上可以说这种努力是"科学的"，它令人信服地说明了为什么弗洛伊德以此为基础的理论和疗法只能走狭窄的路子。更具体地说，这似乎导致他未能重视冲突在神经症中的作用，尽管他在这个领域里已经做了广泛的研究。

荣格也相当强调人类内心的对立倾向。的确，研究个体时看到的矛盾，给他留下了非常深刻的印象，以至于他认为任何因素的存在都必然表明其对立物也是存在的，这是一个普遍规律。外表的阴柔暗示着内心的阳刚；表面的外向暗示着隐藏的内向；表面的擅长思考与推理暗示着内心的多愁善感；等等。

直到这里为止，荣格好像是将冲突视为神经症的基本特征，然而，他接下去却说这些对立面不是冲突而是互补，目标是接受二者，从而接近了完整的理想。对他而言神经症患者是个被滞留于片面发展中的人。荣格在其所谓的"互补法则"中阐述了这些观点。好吧，我也承认相互对立的倾向包含了互补因素，它们在完整的人格中都是不可免除的。但在我看来，这些都是神经症冲突的自然结果，而且顽固地附着于神经症冲突中，因为它们代表患者为了解决问题而做出的努力。例如，一种想要自省、离群的倾向更多地关系到当事者自己的感觉、思想或想象，而较少关系到其他人的感觉、思想或想象，如果我们将之视为真实的倾向，也就是说，是由本质确定并由经验所强化的，那么荣格的推论就是正确的。有效的治疗过程便是向当事人揭示其潜在的"外趋"倾向，指出两个方向的片面性都存在危险，并鼓励他接受并活出两种倾向。不过，如果我们将内向性（或按我较为喜欢的说法称之为神经症超脱态度）看作一种手段，是为了逃避因为与他人亲密接触而产生的冲突，那么我们的任务就不是鼓励更多的外向性，而是要分析潜在的冲突了。只有在解决了这些冲突之后，才能够接近"全神贯注"的目标。

现在继续来阐述我自己的意见，我在神经症患者养成的对他人的从根本上相互矛盾的态度中看出了他的基本冲突。在进入细节之前，请让我提请大家注意化身博士的故事中对这样一种矛盾的戏剧化描述。我们一方面在他身上看到脆弱、敏感、有同情心、乐于助人，另一方面看到了野蛮、无情和自我本位。当然，我无意于暗示神经症分裂总是一成不变地照着这个故事的路子走，而只是想生动地讲述患者在人际关系中所持的各种态度基本上是不相容的。

为了从源头探讨这个问题，我们必须回头来看我所谓的基本焦虑，①我以此来称谓一个小孩在有潜在敌意的世界里孤立无助时所有的感觉。环境中各种各样的不利因素都会给小孩带来这种不安全感：直接或间接的管制，漠不关心，反复无常的行为，对小孩的欲求缺乏尊重，缺乏真正的引导，轻蔑的态度，过多的赞赏或毫无赞赏，缺少可依赖的温情，不得不在父母的争执中站位，过多的担当或过少的责任，过度保护，隔离于其他小孩，不公平，区别对待，不守承诺，敌对氛围，等等。

在这种背景中我会特别注重的唯一因素是这个小孩在环境中对潜在虚伪的感觉：他感到父母的爱，他们的基督教博爱、诚实、慷慨等等，都可能只是假装的。在这一点上，此小孩感觉到的东西有一部分是真实的虚伪；但其中有一些可能只是他

---

① 　　卡伦·霍妮：《当代神经症人格》，W.W. 诺顿，1937 年。

对他在父母行为中感觉到的所有矛盾做出的反应。不过，通常会存在一组束缚性因素。它们既可能是公开的，也可能是相当隐蔽的，所以在分析中只能逐步了解对小孩成长的这些影响。

小孩厌烦了这些令人不安的状况，他摸索着继续前进的道路，对付这个险恶的世界。尽管他自身是软弱的，尽管他心怀恐惧，但他下意识地形成了自己的策略，去应对其环境中发挥作用的特定力量。在此过程中，他不仅开发出了临时的应对之策，还养成了成为其人格一部分的持久性格趋势。我把这些趋势称为"神经症倾向"。

如果我们想看看冲突是如何形成的，我们必不可过于清晰地聚焦于个别的趋势，而是要全景式察看小孩在这些环境下可能并且实际采取行动的主要方向。尽管我们有一会儿忽视了细节，我们却会对小孩为了应付环境而采取的基本动向获得更清晰的视角。首先可能是一幅相当混乱的图景呈现在我们眼前，但迟早会有三条主线从中凸显出来：小孩可能亲近人、对抗人或者逃避人。

在亲近人时，他承认自己的无助，不顾其疏远与恐惧，试图赢得他人的喜爱并去依靠他们。只有这么做他在与之共处时才会感到安全。如果家中存在意见分歧的各方，他会让自己依附于最强势的个人或最强势的群组。在服从他们的时候，他感到自己有了归属与靠山，这使他觉得少了些软弱、少了些孤独。

当他对抗人时，他接受了身边的敌意并将之视为理所当然，自觉或不自觉地，他决定去战斗。他无保留地怀疑别人对他自己的感情与关心。他以任何行得通的路子来反抗，他想变得更强大并将他们击败，部分为了保护自己，部分为了报复。

当他逃避人时，他既不要归属也不要斗争，而只要保持分离。他觉得他与别人没有多少共同点，他们无论如何理解不了他。他建立起一个属于自己的世界——与自然为伍，与他的玩偶、书籍和他的梦为伍。

这三种态度中的每一种，都过分强调了与基本焦虑相关的一种元素：第一种是无助，第二种是敌意，第三种是孤立。但事实是，小孩无法全心全意地采取其中任何一种动向，因为在这些态度形成的条件下，三种动向都必定会存在。我们从全景观察中见到的只是占优势的动向。

那么，如果我们现在跃进至充分发育的神经症，就会清楚地看出情况正是如此。我们都认识这样一些成年人，我们描述过的这三种态度中，有一种在他们身上显得突出。但我们也能看到，他的其他倾向并没有消停。在主要倾向为依赖与顺从的类型中，我们能够观察到攻击性倾向与想要超然事外的欲求。一个主要倾向为敌对的人，会具有柔顺的性格，而且也需要超脱。而一种超脱的性格并非没有敌意或想要得到喜爱的渴望。

不过，占主导地位的态度是决定实际行为的最强大的力量。它代表了特定个人在应付他人时最得心应手的那些方法与手段。于是一个超脱的人势必会运用所有下意识的技巧来拒他人于安全距离之外，因为他但凡在需要与他人密切联系的情况下都会感到蒙圈。此外，占主导地位的态度往往但并非总是最能为当事者的意识心理所接受的。

这并不意味着，某种态度较不引人注目，它的力度就较小。例如，通常很难说，在一个明显依赖、顺从的人身上，主宰一切的愿望在强度上究竟是不是低于对获得喜爱的欲求；他表达其好斗冲动的方式只是较为间接而已。被掩盖的倾向所具有的潜能可能是非常大的，这一点已为很多病例所证明，在这些病例中，已被赋予优势的态度发生了逆转。我们在小孩身上可以看到这种逆转，但它也发生在童年以后的生活中。萨姆塞特·毛姆的《月亮与六便士》中的斯特里克兰就是个很好的例证。妇女的病历经常揭示出这种转变。一个从前顽皮、有抱负、叛逆性的女孩，当她陷入爱河时可能转变成顺从、依赖的女人，明显没有了野心。或者，在破坏性经历的压力下，一个超脱的人可能变得具有病态的依赖性。

应该补充的是，类似这样的转变，对于解答经常遇到的那个问题提供了一些线索，即童年以后的经验究竟是不是无足轻重，我们究竟是不是被我们童年的处境一次性地定了调子、塑造了模样？从冲突的观点来看神经症的形成过程，使我们能够给出比平时更合格的答案。下面这些情况都是有可能发生的：如果早年处境没有过度抑制自发的成长，后来的经历，尤其是在青春期，便会具有成型的影响。不过，如果早年经历的影响一直强大到足以将小孩铸造成一种死板的模式，那就没有什么新的经历能够突破它。部分原因是他的死板没有给新的经历留下入口：例如，他的冷漠可能过于强大，不允许任何人靠近他，或者他的依赖性根深蒂固，他总是被迫扮演从属的角色并请求别人来利用他。部分原因是他会以其既有的语言模式来诠释所有的新体验：例如好斗型小孩遇见了他人的友好，要么会视之为愚蠢的表现，要么会视之为企图利用自己；新体验只会倾向于增强旧模式。当神经症患者确实采取了不同的态度时，看上去貌似童年以后的经历已经给人格带来了转变。然而这种转变并不如表面上那么彻底。实际上发生的事情是内心压力与外部压力联手迫使他放弃了占主导地位的态度而走向另一极端，但如果一开始就没有冲突存在，这种转变便不会发生。

从正常人的观点来看，这三种态度是没有理由相互排斥的。一个人应该能够迁就别人，对抗别人，并落落寡合。三者能够互为补充，和谐统一。如果一种态度占了优势，它不过是表明在某条路线上发展过度了。

但在神经症中，有若干原因使得这些态度不可调和。神经症患者不是灵活可变的；他是被迫去服从，去抗争，去疏远，而无关于他的行为在特定环境中是否适当。如果他有别的行为，他就会陷入恐慌。因此，当这三种态度都以不论怎样的强度存在时，他都必定会陷入严重的冲突之中。

另一个因素，而且是大大扩展了冲突范围的因素，便是这些态度并非总是局限于人际关系的领域，而是逐渐弥漫到整个人格，如同恶性肿瘤扩散到整个器官组织。结果它们不仅通吃了当事者与他人的关系，也通吃了他与自己的关系、他与整个生活的关系。如果我们没有充分了解这种包罗万象的性质，我们就会吞下诱饵，去以分类术语来思考由此产生的冲突，如爱对恨，服从对反抗，从属对主导，等等。然而那会误导我们，如同我们死盯着某种简单对立的特征，来区分法西斯主义和民主政治，例如死盯着二者处理宗教与权力问题的方法中所存在的差异。二者采用的方法的确是有差异的，但单单强调它们会使我们看不清问题的本质：民主政治与法西斯主义是彼此分离的世界，代表着两种格格不入的人生哲学。

以我们的人际关系为起始的冲突迟早会影响到整个人格，这不是偶然的事件。人际关系太重要了，它们必定会塑造我们的素养，我们为自己设定的目标，我们所信仰的价值观。所有这些反过来又作用于我们的人际关系，于是交织在一起，难解

难分。^①

　　我的看法是，不相容的态度产生的冲突构成神经症的核心，因此值得将之称为"基本冲突"。我要补充一点，我使用"核心"一词不仅是形容它非常重要，而且也强调它是促使神经症形成的动力中心。这种看法是神经症新理论的核心，其含义在下面的讨论中将会渐渐明晰。广泛地考虑，这种理论可以视为对我早期观点的精细化，这个观点是：神经症是人际关系困扰的表现。^②

---

① 在精神病学出版物中偶尔能看到一种观点，认为与他人的关系与对自我的态度这两者当中，有一者在理论与实践中是最重要的因素，但由于二者是难分彼此的，所以这种观点是站不住脚的。

② 这个观念首先在《当代神经症人格》中提出，在《精神分析新方法》与《自我分析》中得到精化。

第三章　亲近人

在描述基本冲突时，仅仅展示它在一些个体身上所起的作用，是不可能办到的。由于它的破坏力，神经症患者围绕它建立了一圈防御工事，不仅有助于遮挡视线，而且把它埋得极深，使它无法以纯粹的形态分离出来。结果，呈现于表面的是比冲突本身还要多样的尝试解决冲突的努力。因此，简单地详述病史不会充分揭示其所有的内涵与细微差别；这种展示必定会是琐碎的，而描绘出的图景太不透明。

此外，在前面章节里画出的轮廓还需要填充。要了解与基本冲突相关的全部内容，我们必须从分别研究每个相互对立的因素着手。如果我们观察不同个体所属的类型，在这些个人身上总有某个因素占据了主导地位，而且对他而言代表着更能接受的自我，那么我们在做这种研究时就能取得一些成功。为简明起见，我把这些类型分为三种，即服从型人格、攻击型人格与超脱型人格。[①] 我们将在每个病例中聚焦于当事者较为愿意接受的态度，尽可能省略掉它所掩盖的冲突。在其中每个类型中，我们发现对他人的基本态度已经导致了或至少促进了某些东西的形成，它们是欲求、品质、敏感、压抑、焦虑，最后但同样重要的，一套特定的价值观。

这种做法可能有某些弊端，但它也有一定的优点。首先考察在各种类型中比较明显的一系列态度、反应、信念等的功能与结构，当它们以类似的组合在各种病例中隐约而杂乱地表现出来时，我们会比较容易识别它们。再者，考察原汁原味的症状有助于揭示三种态度固有的不相容。回头来看我们那个民主政治对法西斯主义的类比：如果我们想要指出民主思想与法西斯思想之间的本质区别，我们不会一开始就去描述一个既怀有某种民主理想又暗中欣赏法西斯主义方法的人。我们宁愿首先根据国家社会主义的著作与实践来描绘法西斯主义思想，然后将之与最具代表性的民主生活方式的表述进行对比。这会给我们带来清晰的印象，即两种信仰之间的对照，于是有助于我们去了解试图在两者之间达成妥协的个人与群体。

---

① "类型"一词在这里只是用于简称具有明显特性的人。我当然无意于在本章和接下来的两章中建立一种新的分类法。分类肯定是可取的，但必须建立在非常广泛的基础之上。

第一组，服从型，显示出与"亲近"人相匹配的所有特征。他表现出对获得喜爱与赞许的显著欲求，以及对"伙伴"即朋友、情人、丈夫或妻子的特定欲求，"此人要满足对生活的所有期望并对善恶承担责任，其首要任务就是成功地操纵他。"[1]这些欲求具有所有神经症倾向的共同特征，即它们是强迫性的，不加选择的，受挫时会制造焦虑或沮丧。它们几乎是独立运作，无关乎此处所说"他人"的内在价值，也无关乎当事者对他们的真实感觉。尽管这些欲求可能在其表达上有所不同，但它们都围绕着对人际亲密的欲望，对"附属"于他人的欲求。由于其欲求的盲目性，服从型会易于过高估计自己的投缘性，过高估计他与其身边人所能共享的兴趣，而不顾分裂的因素。[2]他如此对人误判不是因为无知、蠢笨或缺乏观察力，而是由其强迫性欲求所决定的。一位患者所绘的图画表明，她觉得自己像个婴儿，被奇怪而危险的动物所包围。她站在那儿，弱小而无助，站在画中央，一只巨蜂绕着她飞要蜇她，一只狗作势要咬她，一只猫将要跳向她，一头公牛将要顶撞她。那么，很明显，其他生物的真实性并不重要，只有那些比较具有攻击性的除外，更可怕的，就是她最需要得到其"喜爱"的那些生物。

----

[1]　引自卡伦·霍妮：《自我分析》，W.W. 诺顿，1942 年。

[2]　参见《当代神经症人格》，前引书，第二章与第五章，讨论对获得喜爱的欲求，以及《自我分析》，前引书，第八章，讨论病态的依赖。

结论是，这种类型需要的是：被喜欢，被需要，被渴求，被爱；感觉被接受了，受欢迎了，被认可了，被欣赏了；成为别人的欲求了，得到别人尤其是某个特定的人的重视了；得助了，得到保护了，得到关心了，得到指引了。

在分析过程中，当我们向患者指出这些欲求具有强迫性质时，他可能会坚称所有这些欲望都很"自然"。而且，在此他当然是有理由为自己辩护的。除了那些浑身上下都被施虐狂倾向（稍后讨论）扭曲得不成样子的人，对获得喜爱的欲望被窒息得完全无法正常运转，除了他们之外，完全可以假设每个人都想要感觉被人喜爱、有归属、得到了帮助，等等。患者所犯的错误是，他声称自己为了得到喜爱和认可而疯狂地求索是出于真心，而实际上真心的部分已被他对安全感贪得无厌的冲动蒙上了浓厚的阴影。

满足这种冲动的欲求是非常迫切的，迫使他的所作所为都是朝着满足这种欲求的方向。在此过程中他形成了某些品质和态度，它们会塑造他的性格。其中有一些可以称之为"讨人欢喜"：他对别人的欲求变得敏感了，但拘囿于他从情感上能够理解的范围。例如，尽管他可能对某个超脱者想要疏远的愿望相当健忘，但他会警觉另一个人对同情、帮助、认可之类的欲求。他会下意识地努力不辜负他人的期望，或不辜负他自以为的他人的期望，往往到了忽视他自己感觉的地步。他变得"无私""自我牺牲"、无欲无求了，他只对别人的喜爱有无限的欲望。他在其所能承受的限度内变得顺从、谨小慎微，他变得过于钦佩、过于感恩、过于慷慨大方。他让自己对一个事实视而不见，即在他内心深处他并不怎么关心别人，并倾向于将他们视为虚伪而追逐私利的人。但是，如果我可以针对下意识的进程使用有意识的词语，那么可以说，他劝自己相信他喜欢所有人，相信他们都是"好人"并值得信任，而这是一种谬误，不仅带来令他心碎的失望，而且增强了他在总体上的不安全感。

这些品质并不如在当事人看来那么有价值，尤其是因为他没有咨询他自己的感觉或判断，而是把所有他被迫想要从别人那里得到的东西盲目地给予他们，也因为如果回报未能成真的话他会深深陷入困扰。

和这些属性如影随形并与之交叠的还有另一种特征，其目标是避免恶声恶气、吵架和竞争。他倾向于甘拜下风，退居次位，把聚光灯让给他人；他会息事宁人、调和矛盾，而且至少是自觉地不抱怨恨。复仇或取胜的愿望都被深深压抑，弄得他自己都会常常诧异他会这么轻易地认怂，诧异他长久以来都未曾心怀怨恨。在这方面重要的是他有下意识地承担过错的倾向。这又无关于他的真实感觉，也就是说，不论他是否真正有了负罪感，他都宁可谴责自己而不谴责别人，并倾向于仔细地反躬自省，或在面对明显无根据的批评或面临预料之中的攻击时会去认错道歉。

从这些态度到明显的压抑有个难以察觉的过渡。由于任何攻击性行为都成了患者的禁忌，我们在此发现了患者对自己的压抑，即不去坚持己见，不允许自己对他人提出批评和要求或下命令，避免突出自己和追求宏大的目标。此外，由于他的生活全都是为了别人，他的压抑往往妨碍他为自己办事或独自享受。这会到达一个节点，那时任何经历都得跟某人共享，不论是餐饮、看戏、听音乐还是欣赏大自然，都得共享，不然就变得毫无意义了。不必说，这样一种对个人享受的严格限制不仅会耗尽生命，而且会大大增强对他人的依赖。

除了对刚刚列举的那些品质进行理想化之外[①]，这种类型的患者对自己具有某些特性化的态度。一种特性是感觉到他的软弱与无助是无处不在的，这是"我这么弱小可怜"的感觉。当他只剩下自己的资源时他会感到失落，就像一艘船脱离了泊位，或像灰姑娘被剥夺了她的仙女教母。这种无助感部分是真实的；一个人在任何环境下都不可能抗争的感觉，的确促进了实际上的软弱。此外，他对自己和别人坦承他的无助。这也会在梦中得到着重的强调。他常常凭借无助感作为恳求或防御的手段："你得爱我，保护我，原谅我，不抛弃我，因为我是这

---

① 参见第六章"理想化形象"。

么软弱这么无助。"

　　第二个特性产生于患者甘居人下的倾向。他理所当然地认为所有人都比他优秀，比他更有魅力，更聪慧，更有教养，更值得交往。这种感觉是有实际基础的，因为他的缺乏自信与坚定的确削弱了他的能力；但是，在他毋庸置疑是很擅长的领域里，其自卑感也引导他认为别的伙计比他自己更有技能。当他面对好斗的或傲慢自大的人，他对自己价值的感觉更是大大缩水。不过，即便在孤独时他的倾向也是不仅低估自己的品质、才智和能力，而且也低估其物质财富。

　　第三个典型特性是他依赖于人的总体倾向的一个部分。他往往会下意识地按照别人对他的想法来评价自己。他的自尊感随着他人的认可与非难、他人的喜爱或冷淡而起落。他人对他的否认对他而言都是实际上的灾难。如果有人未能回应他的邀请，他在意识中可能会认为这是正常的，但按照他生活于其中的那个特定内心世界的逻辑，其自尊的指标会跌落到零。换言之，任何批评、拒绝或离弃都是可怕的危险，他会进行孤注一掷的努力来赢回如此威胁过他的人对他的尊敬。他左脸颊挨了耳光便把右脸颊转过去的做法不是由某种神秘的受虐狂驱动力造成的，而是他根据其内心的前提能够做的唯一合乎逻辑的事情。

所有这些使他有了一套特殊的价值观。这些价值观本身自然或多或少是明晰的，其坚定度视他总体上的成熟度而定。它们处在善良、同情心、爱、慷慨、无私、谦逊的方位上；而自我中心、野心、麻木不仁、肆无忌惮、以势压人则被拒之门外，不过，由于这些属性代表"力量"，可能会同时得到他秘密的赞赏。

那么，这些就是与神经症"亲近"人相关的要素。现在肯定很明显了，用"顺从"或"依赖"之类的任何一个词语来描述它们都是不合适的，因为它们当中蕴含了思想、感觉、行动的一整套方法———整套生活方式。

我承诺过不去讨论相互矛盾的因素。但我们只有清楚了对立倾向遭受的压抑在多大程度上增强了占主导地位的那些倾向，才能充分了解患者是多么严格地遵守所有这些态度与信念。所以我们要对这幅图景的背面投去匆匆一瞥。但分析服从型的时候，我们发现了五花八门的攻击性倾向受到强力的压抑。与明显的过度关心形成明确对照的是，我们偶遇了一种对他人漠不关心的、轻蔑的态度，下意识的寄生或利用他人的倾向，控制与操纵他人的习性，对获胜或享受报复性胜利的不懈欲求。被压抑的驱动力当然在类型与强度上各不相同，部分是为了回应早年跟他人相处的不幸体验而发生。例如，在一份病历中会看到，患者直到五岁或八岁为止都有频繁的勃然大怒，然后怒气消失了，让位给总体上的驯服。但攻击性倾向也为后来的经历所增强、所滋养，因为敌意不断地从许多源头产生。在这一点上，探索所有这些源头会使我们偏离太远；在此只说一句话就够了：谦逊与善良会招致别人的践踏与利用；还有，对他人的依赖养成了异常的脆弱性，而且只要患者所要求的过量喜爱或认可没有来临，这种依赖性反过来又导致被忽略、被拒绝的感觉，并会带来屈辱感。

当我说所有这些感觉、冲动、态度被"压抑"时，我是在弗洛伊德的意义上使用这个词，意思是患者不仅没有察觉它们，而且有一种不可调和的利害关系使他绝不会察觉它们，以至于他一直焦虑地留意着以防有什么蛛丝马迹露给他自己或别人。于是每一种压抑都让我们面对下面的问题：个人在压抑作用于他身上的某种力量时会有什么利害关系呢？在服从型的病例中，我们能够找到几个答案。其中大部分我们只有稍后在讨论理想化形象与施虐狂倾向时才会了解。我们在此刻能够了解的是，敌对感或其表达会危及当事者喜欢别人并被别人喜欢的欲求。此外，任何一种攻击性的甚至独断专行的行为在他看来都会是自私的。他自己会谴责这种行为，因此觉得别人也会谴责它。他冒不起遭受这种谴责的风险，因为他的自尊全都依仗于别人的认可。

压抑所有坚持主见的、报复性的、野心勃勃的感觉与冲动，这种做法还有另一个作用。神经症为了消除他的冲突并制造统一、和谐、完整的感觉来取而代之，会做许多的努力，这就是其中之一。我们内心渴望统一并非什么神秘的欲望，而是为了能够活下去的现实需求给我们的提示：当一个人老是被朝着相反的方向驱使时，他是没法活下去的；我们担心结果会发展到人格分裂的程度，这种极度的恐惧也给了我们这样的提示。通过掩盖所有差异性的因素来将主导权交给一个倾向，是为整理人格而做的下意识努力。它被视为解决神经症冲突的主要企图之一。

于是我们在不断严格克制所有攻击性冲动的行为中已经发现了一个双重的利害关系：当事人担心整个生活方式会被危及，害怕其臆造的统一会被炸裂。攻击性倾向越具有破坏性，排除它们的必要性就越是紧迫。当事者会走另一极端，绝不表现出想为自己要求任何东西，绝不拒绝别人的请求，总是喜欢身边的每个人，总是躲在暗地里，等等。换言之，服从、姑息的倾向增强了；它们变得更具强迫性，更加盲目。①

自然，所有这些下意识的努力并没有阻止遭受压抑的冲动发挥作用或维护自己。但它们是以符合神经症构造的方式来这么做的。当事人会"因为我这么可怜"而提出要求，或在"爱"

---

① 参见第十二章"施虐狂倾向"。

的幌子下隐秘地进行支配。因受压抑而累积起来的敌意也可能表现于更多或更少的勃然大怒，从偶尔易怒到怒气频发不等。这些大怒，尽管不符合彬彬有礼与和善可亲的场景，在当事者本人看来却是完全合理的。从他的前提出发，他是很正确的。他不知道他对别人的要求是过分的、自私的，他自然会时常觉得他得到了极不公正的待遇，致使他简直无法忍受下去。最终，如果被压抑的敌意承载了盲目愤怒的力量，便可能引起各种各样的功能紊乱，如头痛或胃病。

服从型的大多数特性于是就有了双重的动机。例如，当他甘居人下时，动机是避免摩擦，由此取得了与他人和睦相处；但它也可能是一种手段，可以抹去其求胜心切的所有痕迹。当他听任别人利用他时，其动机是表达服从与"善意"，但这也可能是背弃自己心中利用别人的愿望。对于需要克服的神经症服从而言，必须解决冲突的双面，并要按部就班。从保守的精神分析出版物中我们有时会得到下面的印象："释放攻击性"是精神分析治疗的精髓。这样一种方法显示出对精神症结构中的复杂性尤其是多样性缺乏了解。它只有针对眼下讨论的这个特定类型才可能奏效，而且即便在这里效果也是有限的。攻击性驱动力的剥离是释放，但是，如果"释放"被视为其本身的终结，那么它就容易为害于患者的发展。如果想把人格从根本上整合为一体，释放后还必须立即调整冲突。

我们仍然需要把注意力转向爱与性对服从型所起的作用。爱在他看来往往是值得为之拼搏、值得为之生存的唯一目标。无爱的生命显得平淡、无聊而空虚。套用弗里茨·维特尔斯曾应用于强迫性追求的说法，[①]爱成了一个被追求到了无视其余万事万物程度的错觉。人，自然，工作，或任何种类的娱乐与兴趣，都变得毫无意义，除非有某种爱的关系赋予它们风味与热情。在我们文明的环境下，这种魔怔在女人当中比在男人当中体现得更频繁、更明显，这个事实带来了一个观念，即它是女性特有的一种渴望。实际上它丝毫无关于女性气质或男子气概，而是一种神经症现象，因为它是不合理的强迫性驱动力。

如果我们了解了服从型的结构，我们便能看出为什么爱对他是全部的意义，为什么"在他的疯狂中"会有"条理"。由于其相互矛盾的强迫性倾向，事实上爱是其所有神经症欲求能够得到实现的唯一途径。它许诺，会满足被人喜欢同时又（通过爱来）进行控制的欲求，会满足居于人下同时又（通过伙伴一心一意的关注来）实现好胜心的欲求。它允许当事人在合理的、无辜的甚至是值得称赞的基础上携带其攻击性驱动力度日，而同时又容许他表现他已经养成的所有讨人喜欢的品质。

---

① 弗里茨·维特尔斯：《神经症中的下意识错觉》，载于《精神分析季刊》第八卷，第二部分，1939 年。

此外，由于他并不知晓他的障碍与他的痛苦来自于他自己身上的冲突，他把爱当成了定能治愈所有这一切的灵丹妙药：只要他能找到一个爱他的人，便会万事大吉。不难说这种希望是虚妄的，但我们也必须理解其多少是无意识的推理中包含的逻辑。他想道："我软弱无助；我在这个敌对的世界里孑然一身，我的无助就是危险的，是个威胁。但如果我找到一个爱我胜过一切的人，我就不再处于危险之中，因为他（她）会保护我。跟他在一起我不必维护自己，他会了解我并给我我所需要的，无须我请求或解释。事实上，我的软弱会是一种资本，因为他会爱我的无助，而我能够依赖于他的力量。如果是为他办事，我单纯为自己无法激起的主动性就会活跃起来，如果他需要，哪怕是为我自己做事，我也会有主动性的。"

用表述明确的推论来重组一下上述内容，其中部分是想到的，部分只是感觉到的，以及部分是相当无意识的。那么，他所想的是："孤独对我来说是一种折磨。这不仅是我无法享受我没有跟别人分享的事物。比那更严重；我感到失落，我感到焦虑。当然，我能在星期六晚上独自去看电影，独自读书，但这使我感到委屈，因为这向我指出没有人需要我。所以我必须精心安排绝不独自过周六之夜，当然，最好任何时间都不孤独。但如果我找到了一个情人，他会把我从这种折磨中解脱出来；我再也不会孤独；现在没有意义的每件事情，不论是准备早餐还是工作还是看日落，到那时都会是快乐的。"

他还会想："我没有自信。我总是觉得别人都比我更能干、更有魅力，比我更有天赋。就连我已经努力办完了事情也不作数，因为我无法真正信任自己办这些事情。我可能一直是吹牛，或者那可能只是机缘巧合。我真的没法确定我能再次办好它。如果人们真正了解我，他们终究不会喜欢我。但是如果我找到了某个人，他就爱我这个样子，我对他是最重要的，我就会算回事了。"那么，难怪爱有着海市蜃楼般的诱惑力。难怪人们宁愿努力去抓住它，而不愿去经历艰辛的内心转变。

性交，撇开其生物功能不谈，本身就具有一种价值，即被视为被人需要的证据。服从型越是趋向于冷漠，即害怕产生情感上的纠葛，或者他越是对被爱绝望，纯粹的性就越可能替代爱。那时它看上去就像达成人际亲密关系的唯一途径，并被过高估价，认为它和爱一样，有解决所有问题的力量。

如果我们小心地避免两个极端，即把患者对爱的过度强调视为"理所当然"的极端，以及将之斥为"神经症"的极端，那么我们将会看到，服从型在这个方面的期望，来自于从其人生哲学中得出的逻辑性结论。在神经症现象中，我们经常（或总是）发现，患者的推理、意识或下意识是完美无缺的，但却是建立在虚假前提之上。虚妄的前提是，他将其对获得喜爱的欲求和连带的一切都误会成了爱的真实能力，他完全忽略了他的攻击性甚至毁灭性的倾向。换言之，他忽略了整个神经症冲突。他期望的是消除未解决冲突的有害的结果，而不改变冲突本身的一丝一毫，这是每个神经症患者努力解决问题的特性。那就是这些企图注定要失败的原因。不过，对于把爱当作解决办法的情况，你可能会这么说：如果服从型足够幸运，找到了内心强大而又厚道的配偶，或者配偶的神经症与患者相融洽，那么患者的痛苦便会大大减轻，他可能会找到适量的幸福。但一般而言，他指望从中得到人间天堂的这段关系只会使他陷入更深的痛苦。他极有可能将其冲突带进这段关系，因而将之毁掉。即便是最有利的情况也只能缓解实际的苦难；除非他的冲突已经解决，他的发展将仍然受到阻碍。

第四章　对抗人

　　在讨论基本冲突第二方面"对抗"人的倾向时，我们将继续和以前一样，在此考察攻击型倾向占主导地位的类型。

　　如同服从型坚信人是"友好的"并不断被相反的证据所困扰一样，攻击型想当然认为每个人都是敌对的，并拒绝承认他们不是。对他而言生活就是所有人对抗所有人的斗争，谁输了谁倒霉。他在被逼之下才会很不情愿地认可某些例外，并持保留意见。他的态度有时相当明显，但更多的时候覆盖了一层彬彬有礼、公允不倚、人缘不错的虚饰。这种"幌子"可以代表对权宜之计的狡猾让步。不过，这通常是假装、真情实感与神经症欲求的混合物。让别人相信他是个好人的欲望，会跟一定量的实际善行结合在一起，只要大家心里都不怀疑是他本人在发号施令。可能存在对获得喜爱与认可的神经症欲求，让它

42

服务于攻击性的目标。服从型就不需要这样的"幌子",因为他的价值观无论如何会与社会或基督教美德所认可的标准保持一致。

攻击型的欲求和服从型的欲求具有同样的强迫性,为了领会这个事实,我们必须了解他们同样为其基本的焦虑所鞭策。这一点是必须强调的,因为服从型会表现出非常明显的恐惧成分,我们现在探讨的攻击型却绝不会承认它或将它展示出来。在他身上,一切都为坚强、变得坚强或至少显得坚强做好了准备。

他的欲求从根本上来自他的一种感觉,即世界是个竞技场,从达尔文主义的意义上说,在这里只有适者生存,弱肉强食。什么最有助于生存?主要取决于当事者生活在其中的社会文明;但在任何情况下,利己主义的无情追求是最高法则。因此他的主要欲求变成了控制他人的欲求。控制手段的千变万化是无穷尽的。可能会有公然的行使权力,可能会有通过过度关心或使人负恩于他的间接操纵。他可能喜欢当幕后操纵者。他的方式可能是借助于智力,包含了一种信念,即通过推理或预见可以处理好每件事情。其特定的控制方式部分依赖于其与生俱来的天赋。部分地,它代表了相互冲突的倾向的融合。例如,如果当事人同时又倾向于超脱,他会回避直接控制人的手法,因为这会使他与别人发生过分紧密的接触。如果他有隐藏很深的对获得喜爱的欲求，他也会宁愿采取间接的手法。如果他的愿望是成为王座背后的权力，就表明了存在施虐狂倾向，因为这暗示着为了达到自己的目标而利用他人。①

他并发有对胜人一筹、取得成功、享有名望或得到各种认可的欲求。朝这个方向所做的努力部分是指向权力的，因为成功与名望在竞争性社会里会带来权力。但它们也会通过外部的肯定、外部的高度评价和高高在上的事实来促进主观上的力量感。在这里，如同服从型的情况一样，重心落在当事者本身之外；只有想要从别人那里得到的肯定在类型上有所不同。实际上两者都是无效的。当人们纳闷为什么成功丝毫未能减少其不安全感时，他们只是暴露了其心理学上的无知，但如此一来就表明了他们一般在多大程度上把成功与威望当成了衡量的标准。

利用他人、智胜他人、使他人对自己有用的强烈欲望，是这幅画像的一部分。对于任何情况，任何关系，他都是从"我能从中得到什么"的角度来看待的，不论涉及的是金钱、名望、门路还是想法。当事人本身自觉或半自觉地深信每个人都是这么做的，所以重要的是要比其余的人做得更有效率。他养成的品性几乎跟服从型的品性截然不同。他变得强硬，或装出强硬

---

① 参见第十二章"施虐狂倾向"。

的姿态。他把所有的感情，无论是他自己的还是别人的，都视为"过于多愁善感"。对他而言，爱，只扮演着微不足道的角色。他并非绝不"恋爱"，或绝不会有风流韵事或婚姻，但他首要关心的是得有一个明显值得拥有的伴侣，通过伴侣的魅力、社会名望或财富，他能够提高自己的地位。他看不出有什么理由要体贴别人。"凭什么要我操心呢？让别人关心他们自己吧。"有个古老的伦理问题，木筏上的两个人只有一个能活下来，就这个问题而言，他会说，他当然会尽力让自己安然脱险，这才是既不愚蠢也不虚伪。他不愿承认自己有什么恐惧，而且会采取极端措施将之置于控制之下。例如，他会强迫自己留在一所空屋里，尽管他害怕会有窃贼来闯空门；他会坚持骑在马背上，直到他克服对马的恐惧；他会故意走过沼泽，明知那里有蛇，以便让自己摆脱对蛇的恐惧。

在服从型倾向于姑息的情况下，攻击型会竭尽所能做个好斗士。他在争论中机警而敏锐，为了证明自己正确，他会脱离自己的路线而另辟蹊径。背水而战，可能是他斗志最旺盛的时候。与害怕赢得比赛的服从型对照，他是输不起的，他板上钉钉地需要胜利。他总是动不动就把责任推给别人，正如服从型动不动就自责。两者的相同之处是，都没有对罪责的思考在起作用。服从型认罪时绝不是深信自己有罪，而是被迫去息事宁人。攻击型同样不相信别人做错了；他只是假定自己是正确的，因为他需要这种从主观上自我肯定的立场，正如一支军队需要一个安全的阵地来发起攻击。在并非绝对需要的时候就承认错误在他看来是不可原谅地暴露了弱点，甚至是彻头彻尾的愚蠢。

他认为自己必须对抗一个凶狠的世界，与他这种态度相一致的是，他应该养成敏锐的现实主义意识，与他的态度同属一类。他绝不会"天真"到忽略别人身上显示的野心、贪婪、无知，或其他所有可能阻碍他达到目标的因素。由于在竞争性的社会文明中这些属性比真正的正直更加常见，他觉得把自己当成只讲现实的人是合理的。当然，实际上，他和服从型一样是一边倒。其现实主义的另一侧面是他非常重视计划性与前瞻性。如同任何优秀的战略家，在各种情况下他都会谨慎评估自己的胜算、对手的实力与可能存在的陷阱。

由于他总是被迫主张自己是最强大、最精明、最吃香的人，所以他会试图去开发这种形象所必需的效能与智谋。他投入工作的热情与智慧使他成为受到高度尊敬的雇员或他自己行业中的佼佼者。然而，他给人的敬业爱岗的印象在一定程度上是误导，因为对他来说职业只是达到目的的手段。他并不热爱自己所做的事情，没有从中得到真正的乐趣，这与他努力从全部生活中排除感情是吻合的。这种把所有情感摒挡在外的做法有一种双刃效用。一方面，这从追求成功的立场来看无疑是应急的权宜之计，因为这使他像注满了油的机器一样运转，不知疲倦地制造出会给他带来更多权力与更大名望的产品。在这里情感会带来干扰。它们会在想象中把他领入一个机会主义优势较少的行当；它们会导致他羞于采用那些在成功之路上惯用的手腕；它们会引诱他放弃职业去享受自然或艺术，或享受朋友的陪伴，而非跟那些只有助于他达到目标的人待在一起。另一方面，扼杀感情带来的情感贫瘠会影响其工作质量；这肯定会减损他的创造力。

攻击型很像个极度不受约束的人。他能主张自己的愿望，他能下令，表达愤怒，维护自己。但实际上他所受的压抑一点也不比服从型少。这跟我们的文明没有多大关系，所以他所特有的压抑不会立刻给人造成印象。它们属于情感领域，影响他交友、恋爱、钟情、同情理解、无利害娱乐的能力。最后一项他会视为浪费时间。

他对于自己的感觉是，他强大、实诚并讲实际，如果你用他的方式看事情，所有这些都是真实的。从他的前提出发，他对自己的评价是完全符合逻辑的，因为对他而言无情就是力量，很少替他人着想则是实诚，铁下心追求自己的目标则是讲实际。他由于自己的诚实而采取这种态度，部分是因为他一针见血地揭穿了流行的虚伪。什么对事业的热衷，什么博爱的伪感，还有他视为纯然假装的那一类情感，对他而言揭露社会意识或基督教美德常有的本来面目并非难事。他那套价值观是围绕丛林哲学建立的：强权即公理；去它的慈悲与怜悯；人即他人之狼。在这里我们看到了一种价值观，与纳粹使得我们熟悉了的那些价值观相差无几。

在攻击型倾向中有一种主观逻辑，拒绝真正的同情与友善，也拒绝其仿冒品，即服从与姑息。但若说他不懂得其中的区别，那是错误的判断。当他遇见一个确实友好的人士，加上拥有实力，他是完全能够接受并表示敬意的。关键在于，他认为在这方面区分得太清楚是不符合其利益的。两种态度在他看来都会妨碍为生存而进行的战斗。

不过，为什么他如此强烈地拒绝较为温和的人类情感呢？为什么他一看见别人表示关爱的行为就会感到恶心呢？为什么在有人表示同情而他认为不合时宜的时候，他会有那么轻蔑的表示呢？他的行为就像一个人把乞丐从自家门前赶走，因为他们会令他伤心。他可能真正对乞丐恶语相向；他可能以过大的愤怒拒绝最简单的请求。类似这样的反应就是典型的他，在精神分析过程中当攻击性倾向变得不那么顽固时，这是很容易被观察到的。实际上，他在别人身上看到"温柔"时产生的感觉是混杂的。不错，他鄙视他们身上的温柔，但他也欢迎温柔，因为温柔使他能更加自由地去追求自己的目标。否则他怎么会常常感到服从型对自己具有吸引力呢，正如后者常常感到被他所吸引？他做出如此极端的反应，是因为他要反抗自身对温柔感觉的欲求。尼采在叫他的超人把任何形式的同情都视为第五纵队、都看作在后院放火的敌人时，他向我们清楚地说明了这些动力。"温柔"对这种人不仅意味着真正的爱慕、同情与喜欢，还意味着服从型的欲求、感觉与标准中所包含的一切。例如对待乞丐的情况，攻击型患者也会萌发真正的同情心，会有满足其乞求的欲望，会有他应该伸出援手的感觉。但仍然会有更强烈的欲望把这一切从他心里推开，结果他不仅拒绝了乞丐的请求，还对之恶语相向。

服从型则希望把这些相互龃龉的驱动力融合起来，他把希望寄托于爱，而攻击型却是在别人的认可中去寻找寄托。得到认可不仅向他许诺了他所想要的自我肯定，而且拿出了一个额外的诱饵，即得到他人的好感，并能够反过来对他人产生好感。如此一来，别人的认可便似乎为他解决冲突提供了办法，于是认可便成了他所追求的救命幻境。

攻击型内心斗争的内在逻辑，与服从型的情况中呈现出来的是基本一致的，因此在这里只需要简单指出就够了。对于攻击型而言，任何同情感，或"行善"的义务，或顺从的态度，都会与他已建立起来的整个生活结构不相容，并动摇其根基。何况，这些相互对立的倾向冒头，会使他面对他的基本冲突，并因此而破坏他一直精心培育的局面，统一的局面。结果便是，对温和倾向的压抑会增强攻击性的倾向，使之具有更大的强迫性。

如果我们已经讨论的两种类型此刻在我们脑子里已经栩栩如生，我们便能看出它们代表了两个极端。一个极端想要的，正是另一个极端所厌恶的。一个是必须喜欢每个人，另一个则是把所有人都视为潜在之敌。一个不惜一切代价寻求避战，另一个发现斗争是他的天性。一个紧贴着恐惧与无助，另一个试图将之排除。一个不论用什么神经症的方式都要亲近人道理想，另一个则去亲近丛林哲学。但自始至终这两种模式都不是自由选择的：每一种都是强迫性的、无法转变的，由内心的需求所决定的。它们没有可以相会的中间地带。

我们已经介绍过了类型，并对类型做了讨论，为下一步做好了准备。我们着手探查基本冲突究竟涉及什么，至此已经看到它的两个方面作为占主导地位的倾向作用于两种明确的类型。我们现在要采取的步骤是描绘这样一个人，在他身上，这两套相互对立的态度和价值观起着势均力敌的作用。这样一个人，被那么无情地驱向两个相反的方向，致使他根本就难以过正常的生活，不是显而易见的吗？事情的真相是他会被撕裂，被麻痹，失去一切行动力。他为消除一套态度和价值观所做的努力会将他置于我们已经描述过的一个类别或另一类别；这是他试图解决其冲突而采用的方法之一。

在这样一种情况下，和荣格一样去谈一边倒的发展似乎是完全不够的。这充其量是在形式上正确的说明。但由于它是建立在对动力的误解之上，其内涵便是错误的。荣格从一边倒的观念出发，当他接下来提出患者在治疗中必须在帮助下接受其对立面时，我们要问：这怎么可能呢？患者无法接受它，只可能认识到对立面的存在。如果荣格指望通过这一步能使他成为完整的人，我们的回答是，这一步对于最终的整合肯定是必要的，但其本身仅仅意味着让患者直面其迄今为止一直回避的冲突。荣格并没有恰当评估神经症倾向的强迫性本质。在亲近人与对抗人之间，并非只是存在软弱与坚强之间——或者像荣格一贯所说的那样——女性气质与男子气概之间的差异。我们都有服从与攻击两方面的潜能。一个人如果没有强迫性驱动力，通过颇为艰难的拼搏，他是能够达到一定整合度的。然而，当这两种模式属于神经症范畴时，它们对我们的成长就都是有害的了。两种不受欢迎的模式叠加在一起不会形成受欢迎的整体，两种互不相容的模式也不能形成和谐的实体。

第五章　逃避人

　　基本冲突的第三张面孔是想要超脱、想要"逃避"人的欲求。在考察它之前，我们必须了解在它已成为其主导倾向的那个类型中，神经症超脱意味着什么。可以肯定，它并非单纯是偶尔想要独处的心情。每个人，只要认真对待自己与生活，都会间或想要独处。我们的社会文明用外部生活把我们完全吞噬了，以至于我们对这种欲求知之甚少，但历来的哲学与宗教却强调它有可能助我们实现自己的抱负。对于有意义的孤独的欲望绝不是神经症；相反，大多数神经症患者都因害怕而回避深入自己的内心，而缺乏积极向上的独处能力本身便是神经症的迹象。只有在与他人交往时感到无法忍受的紧张，而独处成了逃避的主要手段时，希望独处才是神经症超脱的标识。

　　有些高度超脱者的怪癖具有非常独特的个人特征，以至于精神科医生很容易认为只有他们才属于超脱型。这些怪癖中最明显的是总体上疏远人。患者身上的这一点引起了我们的注意，因为他特别强调这一点，而实际上他的疏远程度并不比其他神经症患者更为严重。例如，在我们已经讨论过的那两个类型中，不可能用笼统的说法来表示谁的疏远度更高。我们只能说这种特征在服从型身上被掩盖了，而当他发现这个特征时，他会吃惊并害怕，因为他对亲密关系的强烈欲求使他急于相信在他自己和他人之间并无任何隔阂。毕竟，疏远人只是人际关系失调的标识。但所有神经症患者都是如此。疏远的程度主要取决于失调的严重度，而不是由神经症采取的特定形态所决定的。

　　另一个特征往往被视为超脱者所特有的，便是疏远自我，即对情感经历的麻木，无法确定自己是个什么人、爱什么、恨什么、想要什么、希望什么、害怕什么、厌恶什么、相信什么。其实这种自我疏离又是所有神经症患者所共有的。每个人，只要他是个神经症患者，就会像一架由遥控所操纵的飞机，因此注定会与他自己失联。超脱者可能很像海地传说中靠巫术起死回生的僵尸，死了，但靠巫术复活了：他们能够工作并像活人一样发挥功能，但他们身上没有生命。其他人，再说一遍，则可能有比较丰富的情感生活。由于存在这种多样性，我们也不能把自我疏离视为专为超脱者所独有的。所有超脱者所共有的是某种相当不同的特点。这是他们的一种能力，能以客观的兴趣来观看他们自己的能力，就像你观看艺术品一样。或许，描述它的最佳方法是：他们对自己都持"旁观者"的态度，而这是他们对生活的一般态度。因此，对于在他们身上发生的进程，他们往往是优秀的观察者。这方面的一个突出事例是莫名其妙地解读他们频繁展示的梦中意象。

关键是他们内心想要在他们自己与他人之间拉开情感的距离。更精确地说，不要与他人发生情感瓜葛，不论是在恋爱中、在战斗中、在合作中还是在竞争中，一概不要，是他们有意识的和下意识的决定。他们在自己周围画了一个魔圈，没人能够进入圈内。这就是他们可以与人浅"交"的原因。这种欲求的强迫性表现在外部世界打扰他们时他们会做出焦虑不安的反应。

他们所养成的任何欲望与品质都指向这个主要的欲求，即不受牵扯。在最引人注目的欲望中，有一种对自足的欲求。其最正面的表达是足智多谋。攻击型也倾向于足智多谋，但其心情是不同的；对攻击型而言这是在敌对世界里杀出一条路来的先决条件，是想要在打斗中击败别人的先决条件。而在超脱型中，其心情与鲁滨逊·克鲁索的类似：为了生存他必须足智多谋。这是他能补偿其孤独的唯一办法。

维护自足有个较不保险的办法，便是自觉或不自觉地限制自己的欲求。如果我们记得这里潜在的原则是绝不过分依附于任何人或任何事，以防其变得不可缺少，我们将更好地理解这个方面的各种行为。依附会危及超然的状态。最好别让任何东西变得具有重要性。例如：超脱者可能享受真正的快乐，但如果这快乐有一点点依赖于别人，那么他宁愿弃之而去。他可能偶尔在某个夜晚与几个朋友一起找点乐子，但他不喜欢一般的群体活动与正式的社交集会。同样，他回避竞争、声望与成功。他往往限制自己的饮食与生活习惯，将它们把握在一定的度上，这就不会要求他花费太多时间或精力去赚钱来为它们买单。他会对疾病深恶痛绝，认为它是耻辱，因为疾病迫使他依赖于他人。他会坚持要直接地获得任何科目的知识：例如，他想亲自去见闻，而不愿通过别人的言谈著述了解俄国，或了解本国，如果他是个外国人的话。这种态度会带来出色的内心独立，只要它不失去合适的度，比如在陌生的城镇拒绝去问路。

超脱型还有一个明显的欲求，便是想要保护隐私的欲求。他就像旅馆的房客，很少把房门上"请勿打扰"的牌子摘下来。就连书本也会被他视为入侵者，因为它是来自外面的东西。任何有关他个人生活的提问都会令他受惊；他喜欢把自己覆盖在神秘的面纱之下。一位患者曾告诉我，在 45 岁的年纪他仍然厌恶上帝无所不知的观念，尤其是当母亲告诉他上帝能够透过百叶窗看到他咬指甲的时候。这位患者在生活中极度谨小慎微。超脱者在别人对他"想当然"的时候会气得暴跳如雷。这使他觉得自己被践踏了。通常他宁愿独自工作、睡觉、吃喝。跟服从型形成鲜明对照的是，他不喜欢分享经验，因为分享者会打扰他。就连听音乐、散步或与人交谈时，他真正的快乐也是姗姗来迟，是在他的回味之中。

自足与隐私都是服务于他最突出的欲求，即对彻底独立的欲求。他自以为其独立是具有正面价值的。它无疑具有某种勉强算得上的价值。超脱者不论有什么缺陷，他肯定不是顺从的机器人。他的拒绝盲从，加上他超然于竞争性斗争之外的态度，确实给了他某种完整性。这里的谬误是他为独立而独立，忽略了一个事实，即其价值完全取决于他用独立来干什么。他的独立是超脱的一部分，就像整体的超脱表现一样，具有消极的取向；其目标是不受影响、不受支配、不受约束、不负责任。

如同其他神经症倾向一样，超脱型对独立的欲求是强迫性的、不加选择的。它的表现是，对于凡是类似于支配、影响、责任等等的所有因素都具有高敏感性。这种敏感度是衡量超脱强度的准确标尺。究竟是什么会令人感到受了约束，是因人而异的。领结、领带、腰带、鞋子这类东西造成的物理压力也会令人觉得受了约束。视线受到的妨碍会唤起遭到夹攻的感觉；置身于隧道或矿井会产生焦虑。这方面的敏感并不能充分解释幽闭恐惧，但无论如何是其背景。长期的义务是患者尽可能加以回避的：签合同、签署超过一年的租约、婚嫁都是难事一桩。婚姻对于超脱者而言当然总是一件险事，因为牵涉到亲密的人际关系，不过，对于获得保护的欲求，或者相信配偶会完全适应自己的怪癖，会降低这种风险感。往往在完婚前会有一阵恐慌。不可阻挡的时间流逝多半被感知为强制；应对之策是养成上班刚好迟到五分钟的习惯，以便保持一种自由的假象。时间表构成了一种威胁；超脱型患者会爱听这样的故事：一个人拒绝看列车时刻表，想什么时候去车站就什么时候去，宁愿在那里等候下一趟列车。别人期望他做某些事情或按照某种方式行动，都会使他觉得不自在，并想要反抗，无关于别人的期望实际上是如何表达的，或者是否仅仅是假定存在的。例如，他通常会喜欢送礼，但会忘了送生日礼物与圣诞节礼物，因为这些是别人期望他送的。讲公德或遵守传统价值观是他所厌恶的。他会表面上遵守以避免摩擦，但在心里他会顽固地排斥所有传统的规则与标准。最后，他会把别人的忠告感知为控制，会进行抵触，哪怕那忠告正合他意。在这种情况下抵触情绪也可能关联了自觉或不自觉的挫败他人的愿望。

对优越感的欲求是为所有神经症所共有的，尽管如此，这里还是要强调一下，因为它与超然态度有内在的关联。"象牙塔"与"光荣的孤立"这类说法就是证据，表明哪怕在普通用语中，超脱与优越几乎总是形影相随的。如果不是格外坚强、很有本领，或者感觉到了独特的重要性，可能没有人能够忍受孤立。这是为临床经验所证实了的。当超脱者的优越感一时破碎了，不管原因是具体的失败还是内心冲突的加剧，他都将不能忍受孤独，并会疯狂地伸手去求取喜爱与保护。这种波动经常出现在其人生经历之中。在他十几岁或二十出头时他可能有过几段还算温馨的友谊，但他总体上活得颇为孤独，感觉比较安逸。他编织过对未来的幻想：他将有了不起的作为。但后来梦想之船撞上了现实的礁石。尽管读高中时他无可争议地夺得了第一名，但在念大学时他撞上了严重的竞争并知难而退了。他在恋爱关系中的首次尝试失败了。或者随着年龄增长他意识到他的梦想是无法实现的。离群索居这时变得不堪忍受，他内心充满了强烈的冲动，想要亲密的交往，想要性关系，想要结婚。他愿接受轻侮，只要他能被爱。当这么一个人来接受分析治疗时，他的超然态度尽管仍然被诉诸言辞并很明显，分析师却无法着手对之进行处理。他在一开始需要的只是帮助他找到这样或那样的爱。只有当他感觉坚强多了的时候，他才会如释重负地发现他宁可"独自生活并喜欢孤独"。他给人的印象是他不过是恢复到了他从前的超脱状态。但实际情况是，现在他首次有充足的理由承认，甚至对他自己承认，孤独是他之所需。这便是着手处理其超脱态度的合适时机。

超脱者对优越感的欲求具有某种特征。他厌恶竞争性争斗，不想在现实中通过不懈的努力来获胜。他觉得自己身上发光的东西应该不用他费多大力气就会得到认可；不用他动一个指头别人就应该感到他隐藏的伟大。例如，他在梦里会描画出一舱又一舱珍宝远离世俗藏在某个遥远的村庄里，鉴赏家们从远方跑来观赏。如同所有关于优越感的奇思妙想，此梦包含了现实的元素。隐藏的珍宝象征他保护在魔法圈之内的理智与情感生活。

他自己表达优越感的另一个方式，在于他感知了他自己的独特性。这是他想要感到与众不同的直接结果。他会把自己比作独立于山巅的一棵树，而下方丛林中的树木却因周边有树木环绕而长不高。在看着伙伴的时候，服从型会默念一个问题："他会喜欢我吗？"而攻击型则想要知道："他是个多强的对手？"或者："他会对我有用吗？"而超脱者首先关心的是："他会打扰我吗？他是想影响我，还是不来打扰我？"培尔·金特遇见纽扣铸造工的那个场景，象征性地完美表现了超脱者被扔到人群中时所感到的恐惧。他自己的房间在地狱都不打紧，但把他扔进坩埚，将他铸造成适合别人的模样，想一想都会令他不寒而栗。他觉得自己类似于一块珍稀的东方地毯，其图案与花色是独一无二的，永远不可改变。他格外自豪于摆脱了环境的平均化影响，并决心继续这么干。为了珍爱他的不变性，他把所有神经症固有的刻板性提升到了神圣原则的高度。他愿意并且热衷于详尽解说自己的模式，赋予它更大的纯洁性与透明度，他坚称未曾注入过点滴外部的东西。培尔·金特的座右铭是："做你自己就够了。"充分表现了其简单与不足。

超脱者的情感生活不会遵从上述其他类型那么严格的模式。在其病例中，个体间具有较大的差异，首先因为它与其他两种类型截然不同，前两者的主导倾向是指向积极正面的目标，服从型是追求爱慕、亲密与爱情；攻击型是追求生存、支配与成功；而超脱者的目标是消极的：他不要与他人发生亲密关系，不需要任何人，不容许别人打扰他或影响他。因此，其情感状况究竟如何，要取决于在这个消极框架之内已经养成的或被允许继续存活的特定欲望，而且我们能够讲清楚的，只有数量有限的为超然态度本身所固有的那些倾向。

这里存在一种一般性的倾向，即压制所有的情感甚至否认其存在。我想在此引用诗人安娜·玛利亚·阿尔米一部未出版小说中的一个片段，因为它不仅简洁地表达了这种倾向，而且也简洁地表达了超脱者的其他典型态度。主人公回忆他的青春期，说道："我能想象一条结实的肉体纽带（如同我与父亲之间所有的）和一条结实的精神纽带（如同我与偶像之间所有的），但我无法看见感情是在哪里或怎样来到其中；压根儿没什么感情嘛——都是人们瞎扯的，好多事情都是瞎扯出来的。B 女士吓坏了。'那你怎样解释牺牲呢？'她说。霎时之间她话中的真相令我大吃一惊；接着我断定牺牲只是另一种瞎扯，如果不是瞎扯，那么不是肉体的表演，就是精神的表演。我当时梦想独身生活，永不结婚，我变得坚强而平和，不多言谈，不求助于他人。我要为自己工作，越来越自由，放弃梦幻，以便看得清楚，活得明白。我认为道德毫无意义；只要你是绝对真实的，是善是恶都没有分别。寻求同情或指望帮助才是大罪。灵魂在我看来是必须守卫的庙宇，其中总有奇怪的仪式在进行，只有其僧侣、其护持人才明白那些仪式的奥秘。"

对情感的排斥主要适用于对他人的情感，对爱与恨都适用。这是与他人保持情感距离的欲求带来的逻辑性结果，因为，自觉地体验强烈的爱或恨，要么会使当事人接近他人，要么会使当事人与他人发生冲突。H.S.苏里文所谓的"距离设置"用在这里是合适的。它不一定会导致情感在人际关系之外的领域遭到压制，并在书本、动物、自然、艺术、食物等等范围内变得活跃。但这样的危险是相当大的。一个人若是具有深切而热烈的情感，他不可能只压抑他在生活中一个层面而且是最关键层面的情感，而不压抑其在所有层面中的情感。这只是推测性的理论，但下面所说的情况却是事实。超脱型的艺术家在其创作期已经表明，他们不仅有深切的感受，而且能够表达这些感受，但他们有过一些不同的体验期，通常是在青春期，不是体验到了彻底的情感麻木，就是体验到对所有情感的强烈否认——正如上引片段中的描述。创作期的到来，似乎是在他们试图结交亲密关系遭到惨败之后，这时候他们有意或无意地让自己的生活适应于超脱，也就是说，他们自觉或不自觉地决定与他人保持距离，或听天由命去过孤独的日子。现在，与他人保持着安全的距离，他们便能释放或表达许多不与人际关系直接相关的感情，这个事实使我们可以解释说，早期对所有感情的否认对于获得其超脱状态是必不可少的。

对感情的压抑为什么有可能超越人际关系的范围，还有另一个原因，我们在讨论自足时已经做了暗示。可能致使超脱者依赖于他人的任何欲望、兴趣或享受，都被当事人视为对自己内心的背叛，因此当事人会对之加以阻挠。这就好像对每种处境都要进行仔细的查验，赶在让情感充分流露之前，及时制止可能发生的自由度降低。凡是对独立构成威胁的处境都会使他撤退情感。不过，当他发现此处无险情时，他便能陶醉于其中。梭罗的《瓦尔登湖》对这些情形下可能发生的深刻情感体验做了很好的说明。沉溺于某种享乐，或其自由遭到这种享乐的间接侵犯，当事者对这两种情况都有潜在的恐惧，这在有时候会使他接近于禁欲。但这是一种独特的禁欲主义，其目的不是自我否定或苦修。我们宁可称之为自律，如果接受其前提的话，这种自律是不缺乏智慧的。

要想保持心理平衡，非常重要的是要在一些方面能有自发的情感体验。例如，创造性能力会是一种救助。如果它们遭受压抑无法表达，然后通过精神分析或其他某种体验得到了解放，那么对超脱者的益处是非常之大的，使它看上去好像奇迹般的痊愈。以慎重的态度来评价这种疗法是稳妥的做法。对疗效的发生一概而论根本就是错误的：对某个超脱者而言可能具有救助意义的疗法，未必会对其他超脱者具有丝毫救助的意义。即便对他而言，就神经症基本面的彻底改变而论，这也不是严格意义上的"治愈"。[①] 这只是容许他有了多得到一些满足和少受一些干扰的生活方式。

越是克制情感，就越有可能强调智慧的重要性。于是当事人期望纯靠思维的力量就能解决一切问题，仿佛一个人只要搞懂了自己的问题，就足以将之治愈。或者说，好像单靠思维就能解决全世界所有的烦恼！

鉴于我们已就超脱者的人际关系说过的一切，显然任何亲密或持久的关系都注定会危及其超脱的状态，因此也可能是灾难性的，除非其同伴是同等地超脱，或者，除非其同伴为了其他原因能够并愿意让自己适应这种欲求，那么才会自愿地尊重当事人对保持距离的欲求。某个名叫索尔维格的女人，在爱的

---

① 参见丹尼尔·施内德《神经症模式的动向，其创造性优势与性力量的扭曲》，向医学科学院宣读的论文，1943 年 5 月 26 日。

奉献中耐心地等待培尔·金特返回，她便是理想的伴侣。索尔维格对培尔·金特不存任何指望。索尔维格若有指望便会吓到培尔·金特，就和他担心会对自己的感情失控一样。他通常并不知晓他自己给予的多么微不足道，他认为他已将未经表达而且未曾激活的感情，那在他自己看来是无比珍贵的感情，给予了他的伴侣。假设情感的距离得到了足够的保证，他便可能保持相当程度的持久性忠诚。他也许能够拥有一段热情而短命的交往，在这段关系中，他出现了，又消失了。这种关系是易碎的，一点点磕碰都会加速他的撤退。

性关系作为连接他人的桥梁对他而言是五味杂陈的。倘若性关系如同朝露一般转瞬即逝，不干扰他的生活，他会享乐于其中。它们应该只限于在专为这类事情而另设的密室里进行。另一方面他会显出有教养的冷漠，其冷漠到了容不下任何越界之举的程度。然后纯粹出于想象的关系会取代真实的关系。

我们描述过的所有特性都会在分析过程中出现。自然，超脱者会厌恶分析，因为这确实最有可能干扰他的私生活。但他也会有兴趣观察自己，并且，由于分析展现了他自己内心复杂进程的更长远的前景，他可能会对此着迷。他可能会好奇于梦想的艺术性，惊异于自己浮想联翩的才能。他为臆想寻找证据时得到的快感类似于科学家的快感。他感激分析师的关注，感激分析师到处指点迷津，但厌恶被敦促或"被迫"步入某个他尚未预见到的方位。他会经常谈到分析中所提的建议具有危险性，其实在他的病例中，他所面对的危险比其他两种类型都小得多，因为他为了防范"影响"是武装到了牙齿的。他绝不会对分析师的建议进行彻底检验，以理性的方式来维护自己的立场，而是往往按照自己的习惯行事，去盲目地拒绝，不过，这是间接而有礼貌的拒绝，拒绝与他关于自己及其生活的一贯理想不相一致的一切。但凡分析师期望他有什么改变，他都会觉得格外受伤。当然，他会想要摆脱对他的一切干扰；但这万万不可牵涉到其性格的改变。他几乎是始终如一地乐意观察自己，但他也始终如一地下意识地决定保持自己的原状。他对所有影响的防范解释了他的态度，但这仅仅是多种解释中的一种，而且并非最透彻的一种；稍后我们将会看到其余的解释。他自然会在自己与分析师之间拉开很长的距离。分析师在很长时间内将只是一个声音。在梦幻状态中，分析情境可能表现为不同大陆上的两名记者在通长途电话。乍看之下这样的梦境似乎表达了他觉得自己跟分析师与分析过程相距遥远，这仅仅是正确地反映了存在于意识中的态度。但既然梦幻是对解决方法的寻求，而不是对现存感觉的单纯描述，那么这种梦幻的更深层次的意义，便是让其与分析师的关系、与整个分析过程的关系保持距离的愿望，即不让精神分析以任何方式接触他。

在分析中与分析之外都能观察到的最后一个特征是超脱者

在遭到攻击时借以捍卫自己的巨大活力。对每一种神经症处境而言，这种说法都是适用的。但在这种病例中，抗争进行得似乎更加顽强，几乎是一场生死搏斗，为此而调动了所有可用的资源。其实在超脱者遭到攻击之前，战斗就以暗中破坏的方式开打了。拒绝分析师进场是其中的一个阶段。如果分析师试图说服患者相信他们之间存在某种关系，并让他相信在他心里对此已经有所察觉，那么他会遭遇多少花了些心思的礼貌的否定。患者充其量只会表达他对分析师怀有的一些理性的想法。如果患者产生了某种自发的情感反应，他也不会任其进一步发展。此外，分析的对象只要涉及人际关系，患者往往会有根深蒂固的抵触。患者对其与他人的关系总是遮遮掩掩，分析师往往难以看清它们的确切情况。而这种不情愿是可以理解的。他一直跟他人保持着安全的距离；谈及此事只会带来困扰和苦恼。反复努力去继续这个话题可能遭到患者公然的怀疑。他会想："分析师莫不是想要我变成爱交际的人？"（对他而言这是不屑一顾的。）如果在稍后的阶段分析师让超脱者看清了自己确实有某些缺陷，患者会感到惊恐与愤怒。他在这个当口可能会考虑退出。他在分析之外的反应可能会愈发强烈。这些人通常是那么平和识理，如果他们的超脱与独立遭到威胁，便会勃然大怒，或者真会以恶语相向。一想到要参加什么活动或专业团体，那可是要他真正参与，而不是仅仅支付会费了事，就会诱发他真正的恐慌。如果他们确实涉足其中了，他们会盲目地挣扎以摆脱束缚。他们会比遭到夺命攻击的人更娴熟地寻求逃脱之法。一名患者说过，如果要在爱情与独立之间做选择，他们会毫不犹豫地选择独立。这就提出了另一个问题。他们不仅愿意竭尽所能地捍卫其超脱状态，而且觉得为此牺牲一切都值当。他们可以同等地放弃外部的利益与内心的价值，在自觉放弃时，是将所有可能干涉独立的欲望都搁置一边，在下意识放弃时，则是由自发的禁律来决定的。

任何东西，受到如此大力的保护，一定具有压倒一切的主观价值。只要我们明白这一点，便有望于了解超脱的各种功能，并最终在治疗上得到帮助。正如我们已经看到的，患者对他人的每一种基本态度都具有正面的价值。采取亲近人的态度时，患者试图为自己营造跟他的世界友好的关系。采取对抗人的态度时，患者为自己能够生存于竞争性社会而武装自己。采取逃避人的态度时，患者希望得到某种程度的正直与安宁。事实上，所有这三种态度对于我们作为人类的成长都不仅是可取的，而且是必要的。只有当它们在神经症框架中出现并起作用的时候，它们才会变得具有强迫性，变得僵化，变得任性，并且相互排斥。这大大减损了它们的价值，却没有将之毁灭。

从超脱中获得的好处确实是很大的。所有的东方哲学都把寻求超脱当作心灵高度发展的基础，是意味深长的现象。当然，我们不能将这种志向同神经症超脱的那些强烈愿望相提并论。在那里，超脱是为自我完善自愿选择的最佳途径，而且选择了超脱的人只要愿意便能过上不同的生活；另一方面，神经症超脱的关键不是选择，而是内心的强迫，是唯一可能的生活方式。不过，从超脱中仍然能够获得一些同样的好处，但在多大程度上能够如此，要看整个神经症过程的严重程度如何。尽管神经症具有毁坏力，超脱者仍然可能保持一定的正直。在人际关系总体来说是友好与诚实的社会里，这很难成为不利的因素。但在充斥着虚伪、扭曲、妒忌、残忍与贪婪的社会里，一个不那么强大的人所具有的正直就容易遭罪了；保持距离有助于保持正直。此外，由于神经症通常剥夺患者精神的安宁，超脱可以提供一条宁静的林荫道，究竟有多宁静，取决于他愿意做出多少牺牲。而且，如果其魔法圈内的情感生活尚未彻底遭到压制的话，超脱便能容许他有些许独立的思想与感情。最后，所有这些因素，加上其与世界的冥思性关系，会促进其创造性能力的发展与表现，如果他还有这种能力的话。我并不是说神经症超脱是创造的先决条件，而是说，在神经症精神压力之下，超脱会为表明患者存在何种创造性能力提供最好的机会。

这些好处虽然可能很大，但它们好像还不是患者如此拼死捍卫超脱状态的主要理由。实际上，如果由于某个原因这些好处是很小的，或者伴随发生的困扰给它覆上了浓厚的阴影，患者对超脱状态的捍卫还是同样拼命的。这种观察将我们领入了更深的层次。如果超脱者被迫进入了与他人的紧密接触之中，他可能很容易崩溃，或者更通俗地说，很容易精神失常。我有意在这里使用"精神失常"一词，因为它涵盖了许多不同的困扰——功能失常，酒精中毒，企图自杀，抑郁，丧失工作能力，精神病发作。患者自身，有时候也包括精神病医生，习惯于将这种困扰与正好发生于"失常"之前的某个令人沮丧的事件关联起来。警官给予不公正的区别对待，丈夫出轨并对此说谎，妻子神经过敏的行为，同性恋事件，在大学里不受欢迎，以前一直有人抚养现在却必须自谋生计，等等，都会被当作诱因。的确，这类问题总是有干系的。治疗师应该认真对待它，努力了解某个具体的困境在患者身上诱发了什么特定的困扰。但这么做还不够，因为还是没有解决以下的问题：为什么患者会受到如此强烈的影响？为什么大体而言在人们看来不过是普通挫败与困扰的处境，会危及他整个的心理平衡？换言之，即便在分析师明白了患者对某个特定困境做出怎样的反应时，他仍然需要了解为什么这种小小的刺激会产生如此严重的后果。

为了答问，我们可以指出一个事实：与超脱相关的神经症倾向，和其他神经症倾向一样，只要它们在起作用，就会给当事者以安全感；相反，当它们不能起作用时，便会唤起焦虑。只要超脱者能与他人保持一定的距离，他就觉得比较安全；如果魔法圈不论由于什么原因被渗透了，他的安全便遭到了威胁。这种想法使我们更接近于了解超脱者在不再能够与他人保持情感距离时为什么会变得恐慌，而且我们应该补充说，他的恐慌之所以如此之大，是因为他没有应付生活的技巧。他只能在某种程度上保持疏远，逃避生活。在这里，超脱的这种消极特性又给场景涂上了特殊的色调，不同于其他神经症倾向的色调。说得更具体些，在处于困境时，超脱者既不会息事宁人也不会抗争，既不会合作也不会发号施令，既不会爱也不会残酷无情。他和动物一样手无寸铁，对付危险只有一种手段，即逃跑与藏匿。借用一下在患者的联想与梦幻中出现过的场景与比喻：他像锡兰的俾格米人一样，只要躲在树林里就是战无不胜的，但一旦露头就会不堪一击。他像一座中世纪的城镇，只有一道城墙保护，如果城墙被占，城镇就无法御敌了。这样的处境充分说明他对生活总是怀有焦虑是有理由的。这有助于我们了解他为什么把疏远当作全面的防御，他为什么必须顽强地坚守疏远，他为什么必须不惜一切代价地加以维护。所有神经症倾向说到底都是防御性的举措，但其余那些倾向也可视为用积极方式应对生活的努力。当超脱是主导倾向时，它使人在所有应付生活的实际行为中都感到非常无助，以至于随着时间推移其防御性登上了至高无上的宝座。

　　但是超脱者用以保护自己的那种拼命三郎的劲头还有进一步的解释。对超脱状态的威胁，"把墙撞倒"，往往意味着不只是一时的恐慌。它可能导致的是精神病发作中的一种人格解体。如果在分析中超脱状态开始瓦解，患者不仅会产生广泛性的忧虑，而且会直接与间接地表现出明确的恐惧。例如，患者可能恐惧自己会淹没于人类不定型群体之中，这主要是对丧失其唯一性的恐惧。患者也会害怕自己无助地暴露于好斗者的威压与利用之下，这是其完全无法自卫的结果之一。但还有第三种恐惧，即对发疯的恐惧，这种担忧好像马上就会成真，致使患者想要得到积极的安慰来确信自己不会发疯。在此语境下，发疯并不意味着变得狂暴，也不意味着它是对新冒出来的不想负责任的愿望做出的反应。它直白地表达了对于被劈成两半的特定恐惧，往往表现于梦幻与联想之中。这暗示了放弃其超脱会使他与自己的冲突面对面；暗示了他无法渡过难关活下来，而会像树干一样被闪电劈开，这个比喻是借用了发生在一名患者脑子里的想象。这个假定被其他观察证实了。高度超脱的人对内心冲突的观念有不可克服的反感。稍后他们告诉分析师：在分析师讲到冲突的时候，他们根本不懂他在谈些什么。每当分析师成功地向患者展示在其内心起作用的某种冲突时，他们会让分析师不知不觉地，并且用令人吃惊的下意识技巧，远远地绕开这个话题。在他们心甘情愿承认冲突之前，如果他们漫不经心、瞬息即逝地承认了某种冲突，他们便会陷入严重的恐慌。后来他们在有了较强的安全感时开始承认冲突，这时便会有更大一波超然的态度接踵而至。

于是我们得出一个乍看之下会令人困惑的结论。超脱是基本冲突中固有的一个部分，但也是对基本冲突的一种防御。然而，如果我们研究得更具体些，那么谜题便会自行解开。它是针对基本冲突中那两个较为积极的拍档所做的防御。在此我们必须重申，占主导地位的那种基本态度不会妨碍其他相互矛盾态度的存在与运行。我们在超脱型人格中可以看到这种力量之间的游戏，比我们在已经描述过的另外两类人格中看得更加清楚。首先，相互矛盾的努力往往显示在生活史中。在明确地接受其超脱状态之前，这种类型的人常有服从与依赖的片段经历，也会经历好斗与无情反叛的时期。其他两种类型具有明确定义的价值观，相比之下，超脱型的价值观最为矛盾。他对自己视为自由与独立的东西给予永久性的高度评价，除此之外，他在精神分析过程中，有时会表达对人类善良、同情心、慷慨大度、低调牺牲的极度欣赏，而在另一时间则倒向冷酷自私的丛林哲学。他自己会为这种矛盾感到困惑，但凭借这样那样的合理化，他会试图否认它们的冲突性质。分析师如果对整个构架没有清晰的洞察，便容易感到困惑。他可能试图追踪这条或那条路径，而朝两个方向都不会走得太远，因为患者一次又一次到其超脱状态中避难，从而关闭了所有的入口，就像人们会关闭船上的水密舱壁。

有一条完美而简单的逻辑为超脱者的特定"抵抗"做基础。他不想跟分析师发生关联，或者不想将分析师认定为一个人类。他根本就不想分析自己的人际关系。他不想面对自己的冲突。如果我们明白了他的前提，我们便会看出，哪怕是对这些因素中的任一因素进行分析，他都不可能产生兴趣。他的前提是下面这个自觉的信念：只要他与别人保持安全的距离，他就无须担心他与别人的关系；只要远离他人，这些关系中发生的混乱就不会令他困扰；就连分析师谈到的那些冲突也能够并且应该处于休眠状态，因为它们只会让他烦心；把事情纠正过来是毫无必要的，因为他无论如何不会在超脱问题上发生动摇。正如我们说过的，这种下意识的推论在逻辑上是正确的——在一定程度上。他遗漏了并长期拒绝承认的是，他不可能在一只真空管里面成长与发展。

那么，神经症超脱的首要功能就是不让主要冲突发生作用。这是针对它们建立的最根本最有效的防御。神经症有许多方法可以制造虚假的和谐，其中一个是试图通过逃避来解决问题。但这不是真正的解决办法，因为对亲密关系以及对进取性控制、利用他人与胜过他人的强迫性渴望仍然存在，而且它们不断侵扰甚至麻痹其承载者。最后，只要相互矛盾的价值观继续存在，就不可能获得真正的内心平静或自由。

第六章　理想化形象

　　我们就神经症对他人的基本态度进行的讨论已经使我们熟悉了两种主要方法，当事人用它们来致力于解决他的冲突，或者更精确地说，致力于将冲突处理掉。这两种方法中，有一种涉及压抑人格的某些方面，让其对立面处于显要地位；另一种方法则是在当事者自己与其伙伴之间保持足够的距离，使得冲突停止运转。两个过程都会诱发统一感，容许当事人发挥其功能，哪怕这会让他付出相当大的代价。[①]

　　这里要描述的是，神经症患者进一步的努力是制造出一种形象，他相信那个形象就是自己的样子，或在当时他觉得自己

[①]　赫尔曼·农贝格在其论文《我的综合功能》中讨论了这个为统一而努力的问题，该论文载于《精神分析杂志》，1930 年。

能够是或应该是那个样子。有意识或无意识地，这个形象总是在很大程度上远离实际，不过它对当事人生活施加的影响的确是非常真实的。更重要的是，它总是具有投其所好的性质，正如《纽约客》所刊的一幅卡通画所示，画中一位体态丰硕的中年妇女看到自己在镜子里是个苗条的年轻女郎。这种形象的特性不是一成不变的，要由人格构造来决定：突出的有可能是美貌，有的则是突出权力、聪颖、天才、圣洁、诚实，或患者想要的一切。该形象不切实际的程度，正好能使当事者自大，这里用的是"自大"一词的原义；因为"自大"虽然也与"傲慢"作为同义词使用，但其本义是某人把本不具有的品质或他可能具有但实际不具备的品质硬性地据为己有。这种形象越是不切实际，就会使当事者越加脆弱，越是渴望得到外部的肯定与承认。我们不需要别人来证实我们确信自己具有的品质，可是当别人质疑我们自以为具有但实际上并不具备的品质时，我们会动不动就生气。

我们在精神病患者的自大妄想中观察到了理想化形象最露骨的表现；但原则上其特性与神经症自大的特性是相同的。神经症患者的自大没有那么怪诞，但它在患者看来是同样真实的。如果我们把脱离现实的程度视为精神病与神经症之间差异的刻度，我们可以将理想化形象看成织入神经症构造中的一丝精神病。

在理想化形象的所有要素中，它都是下意识的现象。尽管其自我膨胀哪怕在未经训练的观察者看来也是极为明显的，但神经症患者并不知晓他在将自己理想化。他也不知道在这里组装出了一个多么古怪的性格聚合体。他可能隐约觉得他在对自己提出高标准严要求，但他把这种完美主义的要求误会成了真正的理想，他绝不怀疑这些理想的有效性，并的确为它们感到了相当的自豪。

他所创造的理想化形象会如何影响他对自己的态度呢？不同的个体会有不同的方式，并且主要取决于兴趣的焦点。如果神经症患者的兴趣在于让自己确信他就是他的理想化形象，他会养成一个信念：他实际上是个才子，是人中极品，连他的缺点都是神意。[①] 如果焦点放在了现实中的自身，而通过与理想化形象对照，他发现自身是极为卑劣的，那么自贬性的批评便站到了前台。由于用轻蔑态度来对自我进行的描绘如同理想化形象一般远远脱离了实际，我们不妨将之称为"鄙视化形象"。最后，如果焦点是放在理想化形象与实际自我之间的差异上，那么他所知晓的以及我们能够观察到的一切便是其为了缩小差距并鞭策自己变得完美而进行的不懈努力。在这种情况下他以令人吃惊的频率不断重复"应该"一

---

① 参见安妮·帕里什：《全跪着》，载《伍尔科特文选》，花园市出版公司，1939 年。

词。他不断地告诉我们他应该去感觉什么、思考什么、做什么。他和天真的"自恋"者一样从骨子里相信自己有天生的完美，他流露这种信念的方式是，认为只要对自己要求更严一些、更自律一些、更警觉一些、更谨慎一些，那么他实际上是可以变得完美的。

与真正的理想不同，理想化形象是静止的。它不是当事人为了达到它而去努力的目标，而是他所崇拜的一种固定观念。理想是具有能动性的，它们会唤起与其近似的动力。它们对于成长与发展具有不可或缺、无可估价的力量。理想化形象对于成长断然是一种阻碍，因为它要么否认缺点，要么仅仅谴责缺点。真正的理想促人谦逊，理想化形象催人自大。

这种现象，无论如何定义，早已为人所识。历来的哲学著述都有提及。弗洛伊德将之引入神经症理论，为它取了种种名字：自我理想，自恋，超我。它构成了阿德勒心理学的核心论点，在其中被描述为"争取优越性"。如果要详细指出这些观点与我自己的观点之间的异同，那会使我们离题太远。[①] 简言之，所有这些观点仅仅注意到了理想化形象的某一方面，而未

---

① 参见对弗洛伊德自恋、超我与负罪感观念的批评性考察，载于卡伦·霍妮所著《精神分析新方法》，W.W. 诺顿，1938；又见埃利希·弗洛姆所著《自私与自爱》，载《精神病学》，1939 年。

能全面地观察这个现象。因此，尽管不仅有弗洛伊德与阿德勒，还有包括弗兰茨·亚历山大、保罗·费登、伯纳德·格吕克、欧内斯特·琼斯在内的其他许多著述者，都发表了中肯的评议与讨论，这个现象及其功能的全部意义仍然没有得到认识。那么，它的功能有哪些呢？显然它满足了一些至关重要的欲求。不论各位著述者如何从理论上来解释它，他们都同意一个观点，即它构成了神经症的一个难以动摇甚或难以削弱的据点。举例来说，弗洛伊德将根深蒂固的"自恋"态度视为最严重的治疗障碍之一。

　　首先来看或许是其最基本的功能，即理想化形象取代了有现实基础的自信与有现实基础的自豪。沦为神经症患者的人由于他有过的不幸经历而很少有机会建立最初的自信。像他这样的人，即便有这样的自信，也会在其神经症形成的过程中被逐渐削弱，因为自信赖以存在的条件很容易就被摧毁了。要用三言两语来确切地阐述这些条件是很难办到的。最重要的因素是情感能量的活力与有效性，当事者朝自己真正的目标发展，以及在当事人自己生活中充当积极推手的能力。不论神经症如何发展，易遭摧毁的正是这些东西。神经症倾向会削弱自我决断能力，因为当事者这时是被驱使着，而他自己不是驱使者。而且，神经症患者为自己选择道路的能力因为他依赖于别人而不断弱化，而不论这种依赖采取何种形式：盲目的反叛，盲目的好胜，远离他人的盲目欲求，都是不同形式的依赖。更有甚者，他抑制大部分的情感能量，使之彻底失去效用。所有这些因素使他几乎不可能设立自己的目标。最后但并非最不重要的，基本冲突使他内心分裂了。神经症患者被如此剥夺了牢实的根基，必须膨胀他的重要感与权力感。这就解释了为什么自信万能是理想化形象中绝不缺席的组件。

第二个功能是与第一个紧密关联的。神经症患者不会在真空里感到虚弱，而是在到处都有敌人会随时欺骗他、羞辱他、奴役他并打败他的世界里才会感到虚弱。因此他必须不断地衡量自己并拿自己与他人做比较，不是因为虚荣与任性，而是由于痛苦的需求。由于他从骨子里觉得自己虚弱与卑劣，如同我们稍后会看到的一样，他必须寻找某种东西来使他感觉比他人更好、更有价值。不论它采取的形态是感觉比别人更神圣还是更无情，是更可爱还是更愤世嫉俗，他都必须在自己心里觉得自己在某个方面更优秀，这与在某个特定方面争强好胜的强烈愿望无关。这种需求多半包含想要胜过他人的因素，因为不论神经症的构造如何，患者都会觉得自己很脆弱，觉得被人瞧不起、被人羞辱。对于报复性胜利的欲求是对屈辱感的一剂解药，会作用于神经症患者本身的心智，或者会主要存在于他自己心里；它可能是自觉的或不自觉的，但它是神经症患者渴求优越感的驱动力之一，而且给它涂上了特殊的色彩。① 我们这种文明的竞争精神不仅通过它在人际关系中制造的全方位困扰来助长神经症的养成，而且还特别地饲养了这种对于高人一等的欲求。

我们已经看到理想化形象是怎样取代了真正的自信与尊严。但它还有另一途径来充当代理。由于神经症患者的理想是相互矛盾的，它们对患者不可能具有任何义务约束力；它们面目不清，意图暧昧，无法给他提供指引。因此，若非患者为了成为其自创的偶像所做的努力给他的生活赋予了某种意义，他会感到无所适从。这在分析过程中变得尤其明显，因为在这时候，他的理想化形象逐渐削弱，会在短时间内给予他相当大的失落感。只有在这时他才会承认自己在理想方面的混乱处境，才会承认他对此有了不好的印象。以前，他对这一整套话题都不理解也不感兴趣，无论他对此空口答白讲得多么漂亮；而现在，他首次意识到理想有某种意义了，并想要探索他自己的理想究竟是什么。我应该说，这种体验就是证据，证明了理想化形象取代了真正的理想。了解这种功能对于治疗是很重要的。分析师可以在早期治疗中对患者指出其价值观中的矛盾。但他不能指望患者对此话题产生任何积极的兴趣，因此还无法顺势而为，直到患者不再需要理想化形象为止。

---

① 参见第十二章"施虐狂倾向"。

在理想化形象的各种功能中，有个特定的功能可以最好地说明它的僵化。如果在我们私密的镜子里，我们把自己看成道德或智慧的楷模，就连我们最明显的缺点与不利条件都消失不见了，或者涂上了迷人的色彩，正如在一幅优美的绘画里，一堵颓圮的破墙也不再是颓圮的破墙，而是棕、灰、红这些色彩的漂亮组合。

对于这种防御性的功能，我们只要提出下面这个简单的问题，就能获得更深的了解：一个人会把什么视为自己的毛病与缺点？这是那种乍看之下似乎找不到答案的问题，因为你会想到，答案有无数种可能。其实有个相当具体的答案。一个人会把什么视为自己的毛病和缺点，取决于他自身接受和拒绝什么。不过，在类似的文化环境下，那是由基本冲突的哪个方面占主导地位所决定的。例如服从型不会把自己的恐惧或无助视为污点，而攻击型却会认为这种感觉是可耻的，所以对己对人都会加以隐藏。服从型将其带有敌意的攻击性注册为罪恶；攻击型则将其仁心当作卑劣的软弱。此外，每种类型都被迫拒绝承认：所有的一切，实际上都不过是他较能接受的自我所做的伪装。例如，服从型必须拒绝这个事实：他并非真正可爱、慷慨之人；超脱型则不想看到他的超然态度并非他自己的自由选择，不想看到他必须保持距离是因为他无法与他人相处，等等。通常两者都会拒绝承认施虐狂倾向（稍后讨论）。我们于是得出一个结论：对他人的主导性态度创作了一幅首尾连贯的画卷，被视为缺点并加以拒绝的东西，都不能融入这幅画卷之中。我们可以说，理想化形象的防御功能是否认冲突的存在；这就是它必须并且必然会一直都那么不可动摇的原因。在我认识到这点之前，我经常纳闷：为什么患者绝对不会承认自己并没有那么重要、并没有那么出众呢？但是现在看来答案就清楚了。他不能做一寸让步，因为承认某个缺点会使他面对自己的冲突，于是会损害他已建立起来的虚假和谐。因此，我们找到了冲突强度与理想化形象僵化度之间的正相关：如果我们发现理想化形象格外复杂而僵化，就可以推断出冲突具有特强的破坏性。

除了已经指出的四种功能之外，理想化形象还有第五种功能，同样关系到基本冲突。理想化形象除了可以用来掩饰冲突中不可能接受的部分之外，还有个较为积极的用途。它体现为一种艺术创造，能使对立面在其中握手言和，至少对于当事者本人而言，对立面在其中不再表现为冲突。下面举几个事例来说明这是怎样发生的。为了避免长篇大论，我只会说出当事冲突的名称，并指出它们是如何出现在理想化形象中的。

X 先生内心冲突的主导方面是服从——很想得到喜爱与赞许，很想得到关照与同情，很需要别人的宽仁、体贴与亲爱。第二位的主导方面是超脱，通常会讨厌加入团体，强调独立，害怕束缚，对威压敏感。超然态度与对人际亲密关系的欲求不断碰撞，在他与女人的关系中制造重复的困扰。攻击性的驱动力也是相当明显的，在他无论如何都要争当第一的时候，在他间接控制他人、偶尔利用他人以及忍受不了任何干扰的时候，这种驱动力就会表现出来。自然，这些倾向大大减损了他在恋爱与交友方面的能力，也会与他的超然态度发生冲突。他对这些驱动力并无意识，他炮制了一个理想化的形象，这是三种人物的组合体。他是个大情人和好朋友，无论哪个女人眼中都只会有他这一个男人；没有人如他这般仁爱善良。他是他那个时代最伟大的领袖，一个令人敬畏的政治天才。最后，他是大哲人，是智者，对生活的意义及其最终归于虚无具有深远洞见的少数才子之一。

这种形象并不全是荒诞虚妄的。他在所有这些方面都有充足的潜能。但是这些潜能被他拔高，成了既成事实，成了伟大而唯一的成就。而且，这些驱动力的强迫性已被掩盖，取而代之的是他深信这是固有的品质与天赋。这里没有了神经症患者对得到喜爱与赞许的欲求，取而代之的是自以为具有爱的能力；这里没有了好胜心的冲动，自诩的高等天赋取而代之；这里没有了对超脱的欲求，有的是自以为的独立与智慧。最后也是最重要的，冲突以下面的方式被抹掉了：在现实生活中相互干扰并妨碍他发挥其所有潜能的那些驱动力，都被提升到了完美的抽象领域，表现为一种丰富人格的若干彼此兼容的层面；而它们所代表的基本冲突的那三个方面，被分隔在合成其理想化形象的三种角色之中了。

另一个例子使我们更清楚地看到了分隔相互冲突诸要素的重要性。[1] 在 Y 先生的病例中，主导性倾向是超脱，采取相当极端的形式，具有前一章所述的所有内涵。他也有很显著的服从倾向，不过 Y 本人将之关闭在意识之外，因为它与其对独立的愿望水火不容。为了成为顶级好人而做的努力偶尔会强制性地突破压抑的外壳。他还有意识地渴望亲近他人，这又与其超然的态度不断冲撞。他只能在其想象中具有无情的攻击性：他沉迷于大规模破坏的幻想，想要不加掩饰地杀死所有干扰其生活的人；他声称信奉丛林哲学，遵循强权即公理的信条，认为其对自我利益的冷酷追求，才是唯一明智而不矫情的生活方式。然而，在其实际生活中，他是相当胆小怕事的；暴力的爆发仅仅在某种环境下发生。

他的理想化形象是下面这个古怪的结合体。大多数时候他

---

[1] 在罗伯特·路易斯·斯蒂文森的《化身博士》对双重人格的那种经典描述中，主要的想法是围绕将人的相互冲突诸要素进行分隔的可能性而建立的。杰基尔博士在认识到自己身上的善恶已经彻底分裂以后，说道："从早年起……我已经学会与快乐同住，好像做着可爱的白日梦，想到了要将这些要素分隔开来。我告诉自己，如果每种要素都能以不同的身份安置下来，生活就能摆脱无法忍受的一切。"

是独居山顶的隐士，修得了深邃的智慧与宁静。偶尔他会变成狼人，全无人类的感情，一心想着杀戮。仿佛这两个不兼容的角色还不够似的，他也是理想的朋友与情人。

我们在此同样看到了对神经症倾向的否认，同样看到了自我膨胀，同样看到了将潜力误会为现实。不过，此例中患者没有努力去调和冲突；矛盾依旧存在。但是，与现实生活相对照，它们显得那么纯粹，那么原汁原味。由于它们被分隔了，所以互不干扰。而这似乎才是最重要的。冲突本身消失了。

最后的例子是比较统一的理想化形象：在 Z 先生的现实行为中，攻击性倾向占据了强有力的主导地位，伴随有施虐狂倾向。他专横跋扈，想要利用别人。在贪婪野心的驱使下，他无情地勇往直前。他善于策划、组织、战斗，并自觉地坚持十足的丛林哲学。他也是极度超然的；但由于他的攻击性驱动力总是使他与人群纠缠在一起，他无法维持超脱。不过，他严防死守，不牵扯进任何个人关系，也不让自己享受由别人贡献的乐趣。在这方面他做得相当成功，因为对他人的积极感受被大大压抑了；对于人际亲密的愿望主要顺着性的路线而行。不过，他也有明显的服从倾向，还有对赞同的欲求，而这干扰了他对权力的渴求。他心里还潜藏着清教徒式的标准，主要用来鞭策他人，不过他当然也会忍不住用来鞭策自己，而这就与其丛林哲学迎头相撞了。

在他的理想化形象中，他是甲胄锃亮的骑士，视野开阔清晰的十字军战士，永远追随正义。当他成为英明领袖时，他不隶属于任何人，而是执行严厉但公正的纪律。他是诚实的，毫无虚伪。女人爱他，他可以是伟大的情人，但不会被任何女人拴住。在这里，如同在其他病例中一样，患者达到了相同的目标：基本冲突的诸要素被和了稀泥。

于是，理想化形象是为解决基本冲突所做的努力，这种努力至少和我已经描述过的其他努力一样是非常重要的。它具有巨大的主观价值，起了黏合剂的作用，把分裂的个体黏合起来。尽管它只是存在于当事者心中，它仍然会对其与他人的关系施加决定性的影响。

我们可以将理想化形象称为虚构的或虚幻的自我，但这只讲对了一半，因此会有误导性。在创造理想化形象时，患者灌注了自己的一厢情愿，肯定是引人注目的，特别是因为发生这种情况的人，在没有发病时，本来是脚踏实地的。但这并不是说理想化形象完全是无中生有的。它是一种富有想象力的创造，交织着现实的因素，并为现实因素所决定。它往往包含了当事人真正理想的痕迹。虽然宏伟的成就是虚幻的，但藏于其下的潜能往往是非常真实的。更确切地说，理想化形象产生于非常真实的内心需求，发挥了非常真实的功能，对其创作者具有非常真实的影响。在其创作中起作用的那个过程是由明确的法则所决定的，只要了解了其具体的性质，我们就能精确地推论出特定当事人的真正性格构造。

不论理想化形象交织了多少虚幻的因素，在神经症患者本人看来它总是具有现实价值的。理想化形象建立得越牢固，患者便越是认为自己就是其理想化形象，而其真实的自我便相应地暗淡下去。正是由于理想化形象在履行职能时的这种性质，注定会发生实际情况的颠倒。其中每一种功能都是旨在抹杀真实的人格，而将追光灯转移到它自己身上。回顾许多患者的病史，会使我们相信，它的创立往往是真正可以救命的，所以，如果患者的理想化形象遭到攻击，他会进行抗争，就是完全合理的了，或至少是符合逻辑的。只要其理想化形象在他看来仍然是真实的、完整的，他就会有重要感、优越感与和谐感，而不顾那些感觉的虚幻性质。由于他自以为高人一等，他会认为自己有资格提出各种要求与主张。但是如果他听任其理想化形象遭到破坏，他会立即受到威胁，将要面对其所有的弱点，害怕再也没有资格提出特定的主张，变成相对不那么重要的人物，或甚至成为自己眼中可鄙的人。更可怕的是，他会面对自己的冲突，以及对于被撕成碎片的难堪恐惧。如果你告诉他，这可能给他一个机会，让他变成好得多的人，比其理想化形象的所有光环更有价值，但这不过是他耳闻的真理，在很长时间里对他毫无意义。这是叫他在他恐惧的黑暗中跃进。

理想化形象有这么大的主观价值来支持它，若非它有个割舍不掉的巨大缺陷，其地位就是无懈可击的了。由于包含虚构的要素，整个构造从一开始就是极其松垮摇摆的。它是一座装了炸药的宝库，它使当事者遍体都是易受攻击的破绽。一旦外部对患者提出了质疑与批评，一旦他察觉到自己未能达到理想化形象的标准，一旦他对内心起作用的那些力量有了真实的了解，就会使之爆炸或崩裂。他必须限制自己的生活，以免他面临这样的险境。他必须回避那些他得不到赞赏或认可的处境。他必须推掉那些他肯定没有把握完成的任务。他甚至可能极不愿意去做任何的努力。对于他，一个天才，单纯想象一下他可能绘出的图画就已经是大师之作了。随便哪个俗人都能通过艰辛劳作取得一定的成就；对他而言跟每个凡夫俗子一样亲自动手就等于承认自己不是个才子，委实太丢人了。由于他不工作就无法取得实际的成果，他因自己的态度而无法得到他被驱使着要去获得的结果。在其理想化形象与其真实自我之间的裂隙加宽了。

他依赖于他人给予的无止无休的肯定，其形式是称许、赞赏或奉承，然而每种形式的肯定都只能给他带来一时的安心。他可能下意识地憎恨每一个自命不凡的人，或每一个在任何方面赛过他的人——比他观点更明确，比他更四平八稳，比他消息更灵通，这些都威胁着要颠覆他对自己的看法。他越是拼命想抓牢他就是其理想化形象的信念，这种憎恨就越是强烈。或者，如果他自己的自大受到了压抑，他可能盲目地崇拜那些公然对其重要性深信不疑并以自大行为来显示这种信心的人。早晚有一天，他会弄明白，他所爱的是从其崇拜的人身上看到的他自己的理想化形象，而他崇拜得五体投地的神仅仅对他们自身感兴趣，而他这个膜拜者则只是关心他在那些人的圣坛前所烧的香烛，这时他必然会堕入巨大的失望。

或许，理想化形象最糟糕的缺陷是随之而来的自我疏离。如果我们不疏离自身，就无法压抑或消除我们自己的本质部分。这是由神经症过程逐步产生的那些变化之一，尽管其基本性质是在没有观察到的情况下发生的。当事人简直忘却了他真正感觉的、喜欢的、排斥的、相信的是什么，一句话，忘却了他事实上是个什么人。他不明白这一点，便会按照他的理想化形象来生活。J.M. 巴里的《汤米与格丽泽尔》中的汤米阐明了这个过程，比临床描述讲得还要清楚。当然，若非被困死在下意识伪装与合理化的蜘蛛网里，使得生活没有了安全感，患者是不可能有如此行径的。他对生活失去了兴趣，因为过日子的不是他；他无法做决定，因为他不知道他真正想要的是什么；如果困难增大了，他会充满非现实感，这突出表现了他长久以来欺瞒自己的状况。为了理解这样一种状态，我们必须认识到，遮盖内心世界的罩子注定会延伸到外部世界。一名患者最近对其总体状况一言以蔽之："要是没有现实来打岔，我会过得蛮好的。"

最后，尽管把理想化形象创造出来是为了消除基本冲突，并以有限的方式做到了这一点，但它同时又在人格中造成了新的裂缝，可能比原来的裂缝更加危险。粗略地说，一个人建立起自己的理想化形象，是因为他无法忍受真实的自己。理想化形象显然抵消了这种不幸；但他把自己拔高到受人尊敬的地位上，他就更不能忍受真正的自我了，并开始对它大发脾气，蔑视自己，达不到对自己的要求成了戴在他身上的枷锁，令他发怒。然后他摇摆于自我崇拜与自卑之间，摇摆于其理想化形象与自我鄙视化形象之间，找不到可以落脚的中间立场了。

由此而产生了一种新的冲突，冲突的一方是强迫性的、相互矛盾的努力，另一方是内心困扰所造成的内向独裁。他对这种内向独裁做出的反应，正如一个人对类似的政治独裁可能做出的反应：他可能以此来认同自己，也就是说，觉得自己如同独裁者告诉他的一样，是精彩而完美的；他也可能踮起脚来，试图达到它要求的高度；他也可能反抗这种威压，拒绝承认强加的义务。如果他以第一种方式做出反应，他给我们的印象会是一个无法接受批评的"自恋"者；那么，他不会意识到自身存在裂缝。如果他以第二种方式做出反应，我们看到的是一个完美主义者，即弗洛伊德的超我型。如果他以第三种方式做出反应，当事人会表现得对任何人、任何事都不负责任；他容易变得反复无常，缺乏责任心，否定一切。我故意谈到"印象"与"表现"，因为不论他做出何种反应，从根本上说，他都会一直焦躁不安。就连通常相信自己享有"自由"的反叛型，也会在他想要推翻的强加标准下苦干；不过，他仍然被其理想化形象握在手掌心里，这个情况可能只有一种表现，就是他把那些标准当成鞭子对别人挥舞。[①] 有时候，患者在一个时期内会穿梭于一个极端与另一极端之间。例如，他可能一度试图如超人一般"行善"，却未从中得到安慰，便倒向相反的极点，断然地背叛原来的标准。或者，他会从明显无保留的自我崇拜倒向完美主义。我们更常看到的是这些不同态度的组合。所有这些都指向一个事实，根据我们的理论可以理解的事实：诸般努力没有一种是令人满意的；它们注定都会失败；我们必须将之视为未能摆脱不可忍受的困境而做的拼死挣扎；如同陷入其他困境不堪忍受的人的一样，会把大相径庭的各种手段一一尝试，一种手段失败了，便求助于另一种手段。

所有这些结果结合起来建立起一道强大的屏障，妨碍了患者真正的发展。患者无法从他的错误中吸取教训，因为他看不

---

① 参见第十二章"施虐狂倾向"。

见错误。尽管他声称关心自己的成长，但他实际上注定会丧失对自己成长的兴趣。当他谈到成长时，他脑子里只有一种下意识的想法，即创造一个更完美的理想化形象，一个毫无瑕疵的形象。

因此，治疗的任务是让患者无微不至地了解其理想化形象，帮助他逐渐认识其所有的功能与主观价值，向他显示这必然会带给他的痛苦。这时他会开始怀疑自己付出的代价是不是太高。但只有在创造理想化形象的需求已被大大削弱之后，他才能够放弃这种形象。

第七章　外化

我们已经看到，神经症患者为了弥补其真我与其理想化形象之间的裂缝而求助的所有伪装到头来只能起到扩展裂缝的作用。但由于理想化形象具有大得惊人的主观价值，他必须坚持不懈地努力接受它。为了办到这一点，他采用了五花八门的方法。其中许多方法将在下一章中讨论。这里我们局限于考察最不出名的一种方法，因为它对神经症结构的影响是尤其深刻的。

我将这种方法称为外化，并将外化倾向定义为患者在体验内心过程的时候感觉到它们是发生在自身之外，而且一般来说会把自己遇到的麻烦归咎于这些外部因素。外化和理想化一样，是以摆脱真实自我为目标的。但是，如果说对现实人格进行润色与再创造的过程在某种程度上仍然停留在自我的领地之内，那么外化则意味着全盘放弃自我的领地。简言之，一个人可以在其理想化形象中逃避其基本冲突；但是当现实自我与理想化自我之间的差异达到了强烈得无法忍受的程度时，他不会再向自己的内心求助。这时唯一剩下的就是完全逃离自我，把一切都看成发生在外部的事情。

在这里发生的某些现象，由"投射"这个术语所涵盖，它的意思是个人困难的客观化。[①] 在使用"投射"一词的时候，通常是指将责怪与责任转嫁给别人，指责其主观地排斥一些趋向或品质，诸如怀疑别人具有当事者自己的一些倾向，如背叛、野心、控制、自以为是、温顺等等。在这种意义上，这个术语是完全可以接受的。然而，外化是一种更为复杂的现象；转嫁责任只是其中一部分。患者不仅在他人身上体验到了自己的缺点，而且或多或少体验了自己所有的感觉。一个有外化倾向的人可能因为小国所受的压迫而深感不安，却不了解他本身承受的压迫感是何其之大。他可能感受不到自己的绝望，但对别人的绝望却有情感上的体验。在这方面格外重要的是，他不了解自己对自身的态度；例如，当他实际上是对自己生气的时候，他会觉得是别人在对他生气。或者，他会把他对自己所发

---

① 这种定义是由爱德华·A.斯特瑞克与肯尼斯·E.艾培尔提出的，见《发现我们自己》，麦克米兰，1943 年。

的怒气发到别人身上。还有，他不仅会把自己的苦恼，也会把自己的好心情或成就都归因于外部因素。他将失败视为命中注定，将成功当作偶发情况，把开心归功于天气，等等。

当一个人觉得其生活是好是歹都是由别人决定时，那么他会一心想要改变别人、改造别人、惩罚别人、保护自己免受别人干扰或赢得别人的钦佩，就完全合乎逻辑了。外化以这种方式导致了对他人的依赖，不过，这种依赖大不同于由神经症对于喜爱的欲求所产生的依赖。外化也造成了对外部环境的过分依赖。不论当事人是住在城区还是住在郊外，不论他保持怎样的日常饮食，睡得早还是睡得迟，不论他在哪个委员会任职，外部环境都会呈现出过分的重要性。于是他具备了荣格称之为"外向型"的特性。不过，虽然荣格把外向型视为特定气质倾向的单边发展，我却把它看成患者通过外化来努力消除未解决冲突的结果。

外化的另一个不可避免的产物是令人苦恼的虚无感与空洞感。这种感觉又没有得到恰当的归置。患者的感受并非情感的空虚，而是将之体验为胃部的空虚，并试图通过强迫性进食来消除它。或者他会担心其体重不足可能使得他像羽毛一样被风吹来吹去，他觉得一场风暴就会把他带走。他甚至会说，如果把他的一切都分析透彻了，就会看出他什么都不是，只是个空壳。外化越是彻底，神经症患者就会变得越发虚无缥缈，太容易漂移。

外化过程可能发生的影响就谈到这里。现在我们来看看外化究竟是如何帮忙缓解自我与理想化形象之间的紧张关系的。不论患者会怎样有意识地看待自己，二者之间的不一致都会产生下意识的负面影响；他越是成功地将自己与理想化形象等同起来，这种反应的下意识程度就越深。最常见的反应表现为自卑，对自我的愤怒，以及强迫感，所有这些不仅是极度痛苦的，而且以各种方式使当事人丧失生活能力。

自卑的外化可能表现为轻视他人，也可能觉得别人看不起自己。二者通常并存；哪一种更加突出，或者至少是更加自觉，取决于神经症性格构造的整体设置。患者越是好斗，他便越是觉得自己正确与优越，越是容易轻视他人，越不可能觉得别人看不起他。相反，患者越是顺从，其对自己未能符合其理想化形象的自责就越是容易使他感到别人用不着他。后者的效果特别具有破坏性。它使人胆怯、木讷、畏缩。它使患者过分感恩，凡有人对他表达喜爱与赞许，他都会受宠若惊，千恩万谢。同时，哪怕别人对他真诚友好，他也无法不打折扣地接受，而是含糊地把它当成不应得的恩惠。他对自大的人不设防了，因为他身上有一部分与其一致了，而他觉得自己遭到轻视是理所应当。很自然，这种反应会滋生不满，而不满若是受到压抑并累积起来，便可能聚合为爆发的力量。

尽管存在这些弊端，以外化的形式体验自卑还是有明显的主观价值。神经症患者感受了他对自己所有的轻蔑，会粉碎他仅有的那点虚假的自信，并将他推向崩溃的边缘。被他人看不起本来就够痛苦了，但患者还有望于能够改变他人的态度，或者有望于对他们以牙还牙，或者对他们的不公正心知肚明。如果患者轻视的是自己，这一切都不管用了。他失去了上诉法庭。神经症患者下意识感受到的对自身的所有绝望会产生明显的效果。他不仅会开始蔑视自身真正的缺点，也会觉得自己无耻至极。于是他把自己的好品质也推入无价值感的深渊。换言之，他会感到自己就是其自我鄙视化形象；他会将之看作不可改变的事实，认为对此已无药可救了。这一点表明，在治疗过程中，在打消患者的绝望之前，在理想化形象大大放松对患者的掌控之前，分析师不去触及患者的自卑，乃是明智的做法。只有在上述情况发生之后，患者才能面对自卑，开始意识到他的无价值并非客观事实，而是其无情的高标准造成的主观感受。在患者对自己采取较为宽容的态度时，他会明白情况并非不可改变，他那么反感的那些品质并非真正可鄙的，而是他最终能够克服的困难。

只有牢牢记住，患者认为他自己等同于其理想化形象，并抱着这个幻想不放，是极具重要性的，我们才能理解神经症患者为什么会对自己生气，或者他对自己的愤怒为什么会有雷霆之力。他不仅对自己无力达标感到绝望，而且明显被自己所激怒了，这个情况要归因于患者的全能感，它是理想化形象的一个恒定属性。不论他在童年时期曾处于多么难以突破的逆境，但他认为，他，全能的人，是应该能够克服千难万险的。哪怕他从理性上认识到了他的神经症麻烦有多么严重，他仍然会对自己未能驱散它们而感到无力的愤怒。当他面对相互矛盾的驱动力并意识到就连他也无力达到相互矛盾的目标时，这种愤怒便会达到顶峰。为什么突然意识到冲突的存在会使患者陷入严重恐慌的状态呢？这就是原因之一。

对自己生气会以三种主要途径实现外化。凡是在患者可以肆无忌惮发泄敌意的地方，愤怒都会容易对外发作。这时它会转而针对他人，既表现为总体上的易怒，又表现为针对别人特定缺点的愤怒，而这些缺点正是当事人恨其在于自身的。举个例子可以讲清这一点。一名患者抱怨丈夫优柔寡断。由于她说的优柔寡断关系到的是芝麻小事，她的愤怒明显是小题大做。我知道她自己有优柔寡断的缺点，便暗示说，她暴露出她是毫不留情地谴责自身的优柔寡断。于是她勃然大怒，恨不得把自己撕成碎片。在她的理想化形象中，她是中流砥柱，这个情况使她无法忍受自己身上的任何软弱。这是很有代表性的，这种反应，尽管具有高度的戏剧性，在第二次面谈时却被她彻底忘却了。她曾在一瞬间看到了自己的外化倾向，但还没有做好准备放弃它。

第二条途径的表现是，患者持续不断地、有意识或下意识地担心或预料到自己无法忍受的缺点会激怒他人。如果患者深信不疑他自己的某种行为将会唤起深刻的敌意，致使他在没有遇到敌意回应的情况下，可能真的会不知所措。例如一名患者，其理想化形象要求他和维克多·雨果《悲惨世界》中的神父一样善良，当她发现，每当她采取强硬的态度，或哪怕只是表达愤怒，人们就会比她效法圣人行事的时候更加喜欢她，这使她大为吃惊。根据这种理想化形象，你可以猜想到，这位患者的主导性倾向是服从。她的顺从原本产生于她与他人亲密相处的欲求，被她对敌意回应的预期所大大增强了。服从倾向的增强事实上是这种形式的外化带来的主要后果之一，表明了神经症倾向是如何在恶性循环中不断相互强化的。强迫性的服从倾向由于理想化形象而被增强了，这个形象包含了"圣洁"这种构造元素，驱使当事人更加不爱出风头。由此产生的敌意冲动然后唤起了针对自我的愤怒。而这种愤怒的外化，导致她更加恐惧他人，反过来又增强了她的服从倾向。

外化愤怒的第三条途径是聚焦于肉体的失调。当患者对自己生气，而又没有将之体验为对自己的愤怒时，会明显地造成相当严重的肉体紧张，表现为肠道不适、头痛、乏力等等。当他有意识地感受到他在对自己生气时，所有这些症状会以闪电般的速度消失，看到这一点，真相就大白了。你可以怀疑，究竟是应该将这些称为外化的生理表现，还是应该将它们仅仅视为愤怒受到压抑的生理后果。但你很难把这些表现与患者利用它们制造的借口区别开来。通常患者会迫不及待地将其精神毛病归因于其肉体不适，接着又将肉体不适归因于某种外部刺激。他们热衷于证明他们在精神上毫无毛病；他们只是因饮食不当得了肠道紊乱，或因工作过度感到疲乏，或者因空气潮湿得了风湿症，等等；等等。

至于神经症患者通过外化其愤怒达到了什么目的，在这里可以把我们讨论自卑病例时说过的话重说一遍。不过，还有一个问题值得注意。如果你没有认识到这些自我毁灭的冲动所具有的真正危险，你就无法充分了解这类患者走的是一条怎样的漫漫长路。在第一个病例中列举的那位患者只在一瞬间有过要把自己撕成碎片的冲动，但精神病患者真的会把自我毁灭进行到底，从而将自己毁伤。[①] 如果没有外化作用，可能会发生更多的自杀行为。可以理解的是，弗洛伊德由于懂得自毁冲动的力量，所以假定有一种自毁本能（死亡本能），不过由于这种观念，他阻碍了通向真正理解的道路，也就阻碍了通向有效治

---

① 对此的许多说明可见于卡尔·门宁格的《自我对抗者》，哈考特，布雷斯，1938年。不过，门宁格是从完全不同的角度探讨这个课题，他追随弗洛伊德，采用自毁本能的观念。

疗的道路。

内心强迫感的强度取决于人格在理想化形象的强制下受限的程度。对这种强制的作用怎么估计都不会过分。它比外部环境的种种强制都要糟糕，因为外部的强制还容许保留内心的自由。患者大部分时候都意识不到这种强制感，但是，当强制已经放松，患者得到一定程度内心自由的时候，你就可以通过患者痊愈的程度来评估强制的力量。一方面，这种强制也可以通过对他人施加压力来进行外化。这也具有和神经症患者渴望控制他人一样的外向效果，但尽管二者可能并存，却有个不同之处，即标志着内心压力外化的强制主要不是要求个人的服从。它主要是将那些使得当事人本身不堪其压制而发怒的标准强加于他人，而不关心别人是否会因此而感受痛苦。清教徒心理学对这种情况提供了众所周知的说明。

这种内心冲动的外化还有另一种同样重要的形式，即对外部世界稍有胁迫气味的事物都具有超敏性。每个观察者都知道这种超敏性是常见的。它并非全部是由自行强加的限制造成的。通常会有以己度人的因素，即从别人身上感受到自己内心的控制冲动，并对之深恶痛绝。在超脱型人格中，我们想到的主要是对于独立的强迫性坚持，这不可避免地使他们对任何外部压力都很敏感。患者将下意识的强迫性自我限制外化，是一个更隐秘的病因，更容易被分析师忽略。由于这种形式的外化往往会在患者与分析师的关系中形成隐秘的影响力，所以尤为可惜。哪怕分析师已经找到了致使患者在这方面变得敏感的明显病因，患者可能还是会执意反驳，让分析师提出的每个建议都无立足之地。在这种情况下发生的破坏性战争更加严峻，因为分析师确实是想给患者带来改变。他真诚地表明，他只是想帮助患者找回自我，找回其生命的内心之泉，但其苦口婆心收效甚微。也许是患者不愿屈服于分析师在无意间施加的某种影响？事实是，由于患者不了解他"究竟"是个怎样的人，他不可能精心挑选他该接受什么、拒绝什么，尽管分析师殚精竭虑地克制着不把自己的信念强加于患者，也是无济于事的。由于患者也不了解他是在已经给他规定了某种模式的内心强制下进行努力，所以他只能不分青红皂白地对抗每一个想要改变他的外部意图。不用说，这种徒劳的挣扎不仅会表现在分析处境之中，也注定会以不同的程度发生在任何亲密的关系中。正是针对这种内心过程的分析，才会最终埋葬鬼魂。

令事情变得复杂的是，患者越是倾向于顺从其理想化形象的严格要求，他越是会将这种顺从进行外化。他一心想要不辜负分析师或其他任何想帮他的人对他所抱的期望，或者他自认为是对他的期望。他可能显得顺从甚或轻信，但同时又在暗中累积对这种"强制"的不满。结果可能是，他最终会把每个人都看成统治者的角色，而他对人人都心怀怨恨。

那么，患者通过外化其内心的强制会得到什么呢？只要他相信强制是来自外部，他便会反抗强制，哪怕反抗的手段只能是心理上的保留。同样，外部的强制是能够避免的；自由的错觉可以维持。但更重要的是上面列举的那个因素：承认内心的强制将意味着承认自己不是理想化的形象，于是就会引起不可避免的后果。

这种内心的强制力会不会并且会在多大程度上也以生理症状表现出来，是个有趣的问题。我自己的印象是，就哮喘、高血压与便秘而言，这是个起作用的因素，不过，我这方面的经验是有限的。

我们还没有讨论与患者理想化形象不符的各种特性的外化。总的来说，这是由简单的投射引起的，也就是说，外化的产生，是通过在他人身上体验这些特性，或者让别人对这些特性负责。这两种情况未必会相互牵扯。在下面的病例中，我们可能不得不重复我们就此已经说过的话，以及众所周知的其他观点，但是这些说明会有助于我们更深刻地理解投射的意义。

酗酒患者Ａ，抱怨其太太不顾及他人。据我所见，这种抱怨是站不住脚的，或者无论如何没有Ａ所暗示的那么严重。他本人受到一种冲突的折磨，旁观者看得非常分明：他一方面顺从、好脾气、宽厚待人，另一方面却是刚愎自用、待人苛刻、高傲自大。那么，这里就是攻击性倾向的投射现象。然而，这种投射有什么必要呢？在患者的理想化形象中，攻击性倾向只是坚强个性的一种自然成分，最突出的品质仍然是善良，自圣弗朗西斯之后就没有人像他这么善良了，而且再也找不到如此理想的一个朋友了。那么，这个投射是不是对其理想化形象的讨好与安慰呢？肯定是！但这个投射也容许患者带着其攻击性倾向度过余生而对它们毫无察觉，因此他也就不会面对自己的冲突。我们看到的这个人，深陷于左右为难的困境之中。他无法消除自己的攻击性倾向，因为它们具有强迫性。他也无法放弃其理想化形象，因为这个形象保证他不会精神分裂。而这个投射是困境中的一条出路。于是它相当于一种无意识双重性：它使患者坚持对别人提出其自高自大的要求，同时又具备理想朋友的品质。

酗酒患者 A 也怀疑其太太不贞。这是毫无根据的怀疑，其太太以相当母性的方式一心一意爱着丈夫。事实是，他本人沉湎于拈花惹草之事，却对此讳莫如深。这会使你想到报复性的恐惧，产生于他以己度人所做的评判。这里肯定涉及自我辩解的欲求。是否有可能存在同性恋倾向的投射呢？从这个角度考虑，同样无助于澄清局面。线索就是他对自己出轨所持的特定态度。他并未遗忘自己的风流韵事，只是未将之登记到履历之中。它们从生活经历中消失了。另一方面，其太太的所谓不贞却栩栩如生。于是，这就是自身经历的外化。它和前面那个病例的外化具有相同的功能：容许当事人既维持了理想化形象，又能随心所欲。

上演于政治团体与专业团体之中的强权政治，可以拿来做另一个例子。这种手腕往往是由自觉的意图激发的，是为了削弱对手并巩固自己的地位。但它也可能产生于跟上述困境相似的环境之中。在上述事例中，患者所要的手腕是下意识双重性的表现。它容许当事人使用这类攻击所需的所有阴谋诡计与操控手段，而无损于理想化形象，而与此同时又给他提供一种绝妙的方式，把对他自己的所有愤怒与轻蔑全都泼向别人，最好是泼向他想最先打败的那个人。

在做总结时，我要指出一种常见的方式，用它能将责任转嫁给别人，却无法把当事人自己的苦难推卸给他们。许多患者，一旦通过治疗明白了他们的某些问题，会立即跳回他们的童年，把问题的根源钉死在童年之上。他们说，他们之所以对强制敏感，是因为他们有个强势的母亲。他们之所以容易感到羞愧，是因为在童年有过蒙羞的痛苦经历；他们之所以怀有报复心，是因为他们早年受过伤害；他们之所以孤僻离群，是因为他们年少时得不到理解；他们之所以性压抑，是因为他们清教徒式的教养，等等；等等。我在这里所指的不是分析师与患者都严肃地致力于了解早年影响的面谈，而是指那种对童年过分热心的探索，这样做不会有任何好处，只会是无尽的重复，伴之而来的是毫无兴趣去探索当前在患者身上起作用的力量。

由于弗洛伊德过分强调起源的做法支持了这种态度，我们有必要仔细考察一下它在多大程度建立在事实之上，有多大程度是建立在谬误之上。确实，患者神经症的形成始于童年，他能提供的所有线索都关系到如何理解已经发生的特定形成过程。也确实，他对其神经症并不负有责任。环境的影响致使他不得不形成现在这个样子。由于马上就要论及的原因，分析师必须把这一点讲得非常清楚。

谬误在于，患者对于自己身上自童年以来逐步积累的所有力量缺乏兴趣。然而，这些力量如今都在他身上起着作用，并藏身于当前的困境后面。他小时候在自己身边见过太多的伪善，举例来说，这是致使他现在愤世嫉俗的原因之一。但是，如果他仅仅将其玩世不恭归因于早年的经历，他便会忽略他当下对于玩世不恭态度的欲求，这种欲求的产生，是因为他被卡在相互矛盾的理想之间，所以在解决冲突的努力中，不得不把所有的价值观都付之流水。此外，他倾向于承担他无法承担的责任，而当他有应当承担的责任时却撂挑子。他不断回顾早年的经历，以便向自己保证说，他遭遇某些失败确实是迫不得已，同时，他觉得自己应该毫发无损地走出其早年的不幸，成为一朵出淤泥而不染的白色睡莲。这种情况部分要归因于其理想化形象，因为它不容许患者承认自己过去曾有或现在仍有的缺陷或冲突。但更重要的是，他拿童年来老调重弹是特定方式的自我逃避，这仍然容许他保持乐于自省的假象。由于他将在其内心起作用的力量外化了，所以他并未感受到这种力量；他无法把自己想象为其本人生活中的积极推手。他已不再是推进者，他把自己想象成一只球，一旦被推下山就得不断滚动，或者想象成一只豚鼠，一旦建立了条件反射就长此以往。

患者会如此片面地强调童年，是其外化倾向的确凿无误的表现，致使我只要遇见这种态度，我就知道自己会看到一个彻底疏远自我的人，他不断地受到离心驱动而远离自我。在这样的预期中我还从未有过失误。

外化倾向也作用于梦中。如果分析师在患者梦中表现为狱卒，如果患者梦见丈夫将她想要通过的门砰然一声关上，如果梦见有事故发生，或者有障碍物，妨碍她达到渴望到达的目标，这些梦就被视为否认内心冲突的努力，患者要将内心冲突归咎于某种外因。

总体上具有外化倾向的患者在分析中会带来特殊的麻烦。他来找分析师治疗就像他要去看牙医，指望分析师实施一项其实跟他无关的的工作。他对妻子、朋友、兄弟的神经症有兴趣，对他自己的神经症却漠不关心。他谈到他在生活中遇到的困境，却不愿考察他在其中应分担的责任。他认为，要不是他妻子的神经症那么严重，要不是他的工作令他那么烦心，他的情况其实挺不错的。在相当长的时期内他根本意识不到会有任何情感力量影响他的内心；他害怕鬼魂、小偷、电闪、雷鸣，担心身边那些心怀恶意的人，担心政治局势，却绝不害怕自己。他充其量只会关心他的问题为他提供的智力上或艺术上的乐趣。但是可以说，只要他在精神上缺席，他就不可能将他可能获得的任何领悟应用于其实际的生活，因此就算他对自己有了更多的了解，所起的作用也是微乎其微的。

于是，外化本质上是一个自我毁灭的积极过程。它之所以完全可行是因为对自我的疏离，而自我疏离总是神经症过程所固有的。由于自我毁灭，内心冲突也自然而然从知觉中消除了。但这使患者对他人责备更多，怨恨更多，恐惧更多，于是外化用外部冲突替代了内心的冲突。更具体地说，外化大大加剧了最初将神经症全过程发动起来的冲突：当事者与外界之间的冲突。

第八章　追求虚假和谐的辅助手段

有件事是司空见惯的，即一个谎言通常会导致另一个谎言，而第二个谎言又拿第三个来圆谎，如此直到撒谎者无法脱身为止。如果缺乏从根本上解决问题的决心，这类事情注定会在个人或团体生活中的任何处境中发生。遮掩弥缝可能有些帮助，但会带来新的问题，反过来又需要新的权宜之计。以神经症的企图去解决基本冲突就是如此；在这里和其他地方一样，若非从根本上改变产生原始困扰的环境，一切努力都起不到丝毫真正的效用。相反，神经症患者所做的事情，即他被迫去做的事情，是把一个虚假的解决办法叠加到另一虚假办法之上。我们已经看到，他可能努力偏向于冲突的主导性方面，但他仍然左右摇摆，一如既往。他可能采取断然的措施，使自己完全疏离于他人；但尽管他叫停了冲突的运转，他的整个生活仍然危如累卵。他创造出一个理想化的自我，他以成功而完整的面目出现，但与此同时又制造出了新的裂缝。他试图从战场上消灭内心的自我，以此来弥补这个裂缝，结果发现自己处在更加不堪忍受的困境之中。

如此不稳定的平衡需要更进一步的措施来支撑。这时他求助于诸多下意识策略中的任何一种，这些策略可以分为盲点、分隔、合理化、过度自制、绝对正确、东躲西藏与玩世不恭。我们不打算讨论这些现象本身，因为那是一项过于艰巨的任务，我们只打算揭示患者是如何应用它们来对付冲突的。

神经症患者的实际行为与他自己的理想化形象之间可能存在非常明显的不一致，以至于你会想不通患者怎么能够做到对它避开视线。但他远远不只是避开视线，他还能在直面冲突时一直对之视而不见。这种看不见最明显冲突的盲点，是最先引起我注意上述冲突的存在及其关联性的现象之一。例如，一名患者具有服从型的所有特征，认为自己是基督一般的圣贤，他相当随意地告诉我，在管理层会议上，他经常弹弹拇指，模拟性地射杀一个又一个同事。一点没错，导致这些象征性杀戮的破坏性渴望在当时是下意识的；但问题在于，他戏称为"好玩"的射击，一点也没有玷污其基督般的形象。

另一位患者，自认为严谨敬业的科学家，而且是其工作领域中的创新者，却在纯机会主义动机的引导下选择自己应该发表什么，仅仅提交他觉得会给自己带来最高评价的论文。他没有掩饰的企图，而是与上例中的患者一样，没心没肺地的把相关冲突忘到了脑后。同样，有个人打扮成其理想化形象，成为善良与坦率的化身，但他满不在乎地从一个女孩那里拿钱花在另一个女孩身上。

显然，在这几个事例中，盲点的作用是不让隐藏的冲突被当事人察觉。令人惊奇的是这种奇迹竟然可以实现，更令人惊奇的是，当事的患者不仅聪明，还有心理学方面的知识。有人说，我们都倾向于对我们不想见到的东西背转身子，但这显然还不足以解释这种现象。应该补充一句：我们抹杀事情的程度取决于我们有多大兴趣这么做。总的来说，这种人为的盲点直截了当地表明了我们是多么反感承认冲突。但真正的问题是，我们怎样才能设法忽略掉方才所说的那么显眼的冲突。事实是，如果没有一些特殊的条件的话，这是不可能办到的。其中一个特殊条件是对自身情感体验的过度麻木。另一个条件是斯特瑞克已经指出的，[①] 即生活于隔间之中。斯特瑞克也提供了对盲点的讲解，谈到逻辑严密的隔间与分隔。有个部分是分给朋友的，有个部分是分给敌人的，还有分给家人、分给外人、分给

---

① 斯特瑞克，前引书。

专业人士、分给私生活、分给社会地位相等的人、分给下属的各个部分。因此，在神经症患者看来，在一个隔间里发生的事情，不会与发生在另一隔间里的事情相冲突。一个人只有在因内心存在冲突而已经失去统一感的时候才可能如此生活。于是分隔化如同患者为了不承认冲突而做的防御一样，也是他被内心的冲突所分裂的结果。这个过程和我们在讨论理想化形象时所描述的情况并无不同：矛盾还在，但冲突被拐走了。很难说究竟是理想化造成了分隔化，还是分隔化导致了理想化形象的产生。不过，生活于隔间之中貌似具有更大的基础性，应该是它促使患者创造了自己的理想化形象。

为了理解这种现象，必须把文化因素考虑进来。人在很大程度上已经变成了复杂社会体系中的一个小小齿轮，以至于疏离自我几乎成了普遍的现象，而人类的价值本身则已经降低了。我们的文明中有无数突出的矛盾，其后果是形成了道德认知的总体麻木。道德标准被看得一文不值，例如当我们看到一个人，今天还是虔诚的基督徒、忠实的父亲，明天就行为举止如同流氓，也无人感到吃惊。[1] 我们身边太缺少全心全意的、完整的人来使我们的琐碎相形见绌。弗洛伊德在分析领域摒弃道德价值观是其将心理学视为自然科学的结果，而这更加促成

---

[1] 林语堂《啼笑皆非》，约翰·戴，1945 年。

分析师与患者同样看不见这种冲突。分析师认为，拥有自己的道德价值观或对患者的道德价值观哪怕产生一点点兴趣都是"非科学的"。其实，对冲突的承认已经出现在未必局限于道德范畴的许多理论体系之中了。

合理化可以定义为通过推理来自欺。一般认为，合理化主要用于证明自己是正确的，或者用于让自己的动机与行为与公认的意识形态相一致，但这只在一定程度上是正确的；这里的含义是，生活在同种文明中的人全都遵循相同的路子进行合理化，而实际上，合理化的内容与方法存在着广泛的个人差异。如果我们把合理化视为支持神经症为制造虚假和谐而进行努力的一种方式，那么个人差异的存在就是理所当然的了。在围绕基本冲突搭建的防御性脚手架的每一块木板上，都可以见到合理化在起作用。主导性态度通过推理而得到增强，而有可能把冲突暴露出来的那些因素，要么被最小化了，要么被改造得与其一致了。这种自欺的推论是如何协助人格合理化的？把服从型与攻击型做个对比就显而易见了。服从型将其乐于助人归因于其同情心，就连强烈的控制倾向也包括在内；如果控制倾向太引人注目，他会将之合理化为过度热心。而攻击型在帮助他人时会坚决否认他有丝毫同情心，而将他的行为完全算作利己之举。理想化形象总是需要大量的合理化为之撑腰；实际自我与理想化形象之间的差异必须被推理为不存在。在外化过程中，

患者运用合理化来证明外部环境的重要性，表明患者本人不可
接受的品性不过是对他人行为的"自然"反应。

　　过度自制的倾向可能非常强烈，致使我一度将之算在原发
性神经症倾向之内。[①] 其功能如同一道堤坝，阻挡相互矛盾的
情感如洪水一般冲涌而来。尽管一开始通常是有意识的行为，
随着时间推移它往往会变得多少是无意识的。过度自制的人不
会容许他们迷上什么东西，不论是耽迷于热情、性兴奋、自怜
还是愤怒。在分析中他们最大的困难在于自由联想；他们不愿
用酒精给自己提神，往往宁愿忍受痛苦，也不愿接受麻醉。简
言之，他们想方设法克制任何自发行为。这种特点发展得最为
强烈的是冲突相当外露的那些人，他们没有从通常有助于掩盖
冲突的两种方法中选其一种采取措施；相互冲突的两组态度都
尚未获得明显的主导性，患者也未曾养成足够的超然态度去叫
停冲突的运转。这种人只是被他们的理想化形象捏合为整体；
如果没有建立内心统一的某种初步尝试给予帮助，其捏合力显
然是不够的。当理想化形象是由相互矛盾的要素组成时，它是
尤其不足胜任的。这时就需要自觉或非自觉地行使意志力，来
把相互冲突的强烈愿望置于控制之下。由于破坏性最大的是由

---

　　① 卡伦·霍妮，《自我分析》，前引书。

愤怒引起暴力的冲动，所以要调动最多的能量来控制愤怒。在这里启动了一个恶性循环；愤怒由于受到了压制而获得了爆发力，它又需要更大的自制来加以阻止。如果患者的过度自制引起了他自己的注意，他会列举自制对于文明人的好处与必要性来加以辩护。他所忽略的是其自制的强迫性。他不得不以最严格的方式来实施自制，如果自制由于某种原因不起作用了，他就会陷入恐慌。这种恐慌可能表现为对精神失常的恐惧，而这清楚地表明了这种自制的功能是为了避免被撕裂的危险。

绝对正确具有双重的功能，它既可以消除发自内心的怀疑，也可以消除来自外部的影响。怀疑与优柔寡断是未解决冲突的恒定伴随物，它们可以严重到瘫痪所有的行为。在这样一种状态下，患者自然会容易受到影响。当我们具有真正的信念时，我们不会轻易动摇；但是如果我们的生活站在十字路口，不确定究竟要去向何方，外因就能轻易地成为决定性因素，哪怕是临时性的。此外，优柔寡断不仅会影响行为的进程，而且包括怀疑自己、怀疑自己的权利、怀疑自己的价值。

所有这些不确定性有损于我们应对生活的能力。不过，显然它们并非是每个人都同样无法忍受的。一个人越是把生活视为无情的战斗，他就越会将怀疑看成危险的软弱。他越是孤立，越是坚持独立，易受外部影响的状态就越会成为愤怒的源泉。我所有的观察都指向一个事实：占主导地位的好斗倾向与超脱的结合是培育绝对正确的最肥沃的土壤；攻击性越是靠近表面，绝对正确就越是强势。可以说这是患者为了解决冲突而进行的努力，其手段是武断而教条地宣称自己铁定是正确的。在由合理性所支配的体系内，情感便是内部的叛贼，必须将之牢牢管控起来。这样是可以获得和平的，但这是坟墓里的和平。所以可以预料，这种人一想到精神分析就会头疼，因为它是一个威胁，将扰乱其内心的整洁。

狡诈可以说是与绝对正确相反的极端，但患者用它可以同样有效地防止自己承认冲突。乐于采取这种防御措施的患者，往往很像童话故事里的那些角色，遭到追击时会变成鱼；倘若如此伪装还不安全，他们就变成鹿；如果猎人撵过来了，他们就变成鸟飞走。你永远没法钉死他们说过的话；他们否认说过这话，或者诅咒发誓说他们说的不是那个意思。他们有迷惑人的本事，能够掩盖问题。他们往往不可能就某件事提交具体的报告；如果他们想要这么做，听者最终还是听不明白究竟发生了什么事情。

同样的混乱主导着他们的生活。他们一会儿邪恶，一会儿悲悯；有时候体贴过度，有时候又没心没肺不替别人着想；在某些方面专横跋扈，在其他方面低调行事。他们寻求强势的伴侣，只是为了变成"受气包"，然后又故态复萌。在虐待别人

117

之后，他们会悔恨不已，努力去弥补，然后感觉自己是个"冤大头"，又变得见人就骂了。对他们而言没什么是很真实的。

分析师完全可能被弄糊涂了，而且在灰心之余，会觉得工作没有实效。这是他误会了。这些患者只是未能成功进入神经症患者通常用来捏合人格的程序：他们不仅未能压制其冲突中的某个方面，而且未能创建其明确的理想化形象。在某种程度上可以说他们证明了这些做法的价值。因为不论后果是多么麻烦，处在这种过程中的人是较有条理的，远不如飘忽不定的类型那么失落。另一方面，分析师可能还有一个误会。当他发现患者的冲突是很明显的，不用费力便能将其从隐秘之处拽出来，就误以为这是一项轻松的工作。然而，他会迎面撞上患者对透明度的反感，他往往会因此而有挫败感，除非他明白这是患者为避免被人看穿真相而用的手段。

为了防止承认冲突，患者采取的最后防御措施是玩世不恭，即对道德价值的否认与嘲笑。每一种神经症注定都很难打消对道德价值的怀疑，不论患者多么教条地坚持他所能接受的某个特定层面的道德标准。虽然玩世不恭有各种不同的根源，但其所起的作用一定是抵否道德价值的存在，因而使得神经症患者不必费心去弄清楚自己究竟信仰什么。

玩世不恭可以是自觉的，然后变成了权谋术的传统道德准则，并且以下面的说辞为自己辩护。只有表象是有价值的。你可以随心所欲，只要你不被捉住。每个人都是伪君子，只要不是地道的傻瓜。这类患者对分析师使用"道德"一词的敏感，可能如同弗洛伊德时代人们对谈"性"的敏感。不过玩世不恭也可以一直是下意识的，患者说些符合流行意识形态的应酬空话，将其隐藏起来。虽然患者可能并不了解自己处在玩世不恭态度的掌控之中，他的生活方式与他谈论生活的方式却会暴露他的行为是遵循玩世不恭的原则。或者他会在不知不觉中陷入矛盾之中，就像那么一些患者，自以为崇尚诚实与正派，却仍然妒忌那些老是走歪门邪道的人，并且恨自己不能干苟且之事而"侥幸"成功。在治疗过程中，很重要的一点是，分析师要把握恰当的火候，将患者的玩世不恭向其全部摊开，帮助患者了解它。向患者解释分析师为什么想要他建立起属于自己的道德价值观，可能也是必要的。

那么，以上所述便是围绕基本冲突的核心建立起来的防御机制。为简明起见，我将整个防御体系称为"保护性构造"。每一例神经症都会形成一组防线；往往每一条防线都会出现，不过其活跃度各不相同。

我们内心的冲突

Our Inner
Conflicts

第二部分

未解决冲突的后果

第九章　恐惧

　　在探索神经症问题的深层意义之前，我们很容易迷失在错综复杂的迷宫里。这不奇怪，因为要想了解神经症，就必须面对其复杂性。不过，不时地跳出来旁观，会有助于我们得到新的领悟。

　　我们已经一步一步地理解了保护性构造的形成过程。我们已经见到一道接一道的防线是如何建立起来的，直到一个相对静态的结构建立为止。而这一切给我们印象最深的要素是患者在这个过程中投入的无限劳作，这是多么惊人的劳作，使得我们再次想了解是什么驱使一个人沿着一条如此崎岖难行的道路、一条要让他付出偌大代价的道路前行。我们问自己，使得这种结构如此刚硬、如此难以改变的力量是什么？建立防御系统的动力难道仅仅是害怕基本冲突有可能造成破坏吗？用一个类比可能会使我们更容易得到答案。如同任何类比一样，它不可能是精确的两相对应，所以只能在最宽泛的意义上使用。让我们假设一个人，他有不光彩的过往，以伪装的身份找到了进入社会圈子的路。当然，他会生活在恐惧中，担心其前科被人揭发出来。随着时间推移，他的境况好转了；他交了朋友，稳定了工作，组建了家庭。他珍惜自己的新处境，他又为新的恐惧所包围，担心失去这种种好处。他为自己的体面而感到自豪，这使他疏离了其名声不好的过去。他将大笔款子捐给慈善机构，甚至捐给其老相识，以抹除其往日的生活。同时，其人格中发生的变化开始将他卷入新的冲突之中，结果是，他以伪装开始新生活这件事，到头来不过是其困扰中的一股暗流而已。

由此可见，在神经症患者建立起来的构造中，基本冲突依然存在，但已变形。某些方面有所缓和，其他方面却有所加剧。不过，由于过程中固有的恶性循环，接踵而至的冲突变得更加严重。下面这件事使得冲突变得最为尖锐：患者每采取一个新的防守姿态，都会进一步损害他与自己和他人的关系，而正如我们所见，这就是培育冲突的土壤。而且，那些新的要素，不论是爱情还是成功，不论是已经实现的超脱还是已经建立的形象，不管在幻想中包裹得多么严实，都会在其生活中扮演重要的角色，于是患者有了对于不同规则的恐惧，担心某种东西会危及这些宝贝。而自始至终，患者自我疏离的增强，越来越多地剥夺了他对自己的影响，从而减弱了摆脱困难的能力。惯性开始行动了，取代了有目标的成长。

这种保护性构造由于刚性太强，所以脆度很高，本身还会带来新的恐惧。其中之一是患者对于其均衡将被打破的恐惧。虽然这个构造提供了均衡感，但它是一种容易打破的平衡。患者本身并没有清醒地去了解这种威胁，而是被迫以各种方式感觉到它。经验告诉他：他可能无缘无故地出状况，他会在完全没想到或者最不情愿的时候发怒、得意、沮丧、疲惫、压抑。这些体验的总和给予他不确定感，他觉得无法依赖于自己，觉得自己如履薄冰。他心理的失衡也会表现在步态与姿势中，或者表现于缺乏保持身体平衡的技巧。

这种恐惧最具体的表现是患者担心自己精神失常。当这种恐惧表现得非常严重时，它会成为最严重的症状，促使患者寻求精神病治疗的救助。在这种病例中，恐惧也是由一种受压抑的冲动造成的，这是患者想做各种"疯"事的冲动，他想做的事情多半具有破坏性，但患者觉得责任不在自身。不过，分析师不应该将患者对发疯的恐惧当成患者会真正发疯的指征。这种恐惧通常是短暂的，只有在极度悲痛时才会出现。导致恐惧产生的最强刺激是理想化形象遭受突然的威胁，或者患者感到极度的紧张，这往往是由于下意识的愤怒，有可能会破坏患者的过度自制。例如，有个女人认为她自己既是平和稳重的，又是勇敢无畏的，当她在困境中陷入了无助、不安与暴怒的感觉中时，她发作了恐慌。她的理想化形象曾经如同一条钢带将她拢合为整体，突然之间爆裂了，扔下她心怀裂成碎片的恐惧。我们已经谈到过，当超脱者被拽离其庇护所并被带到他人身边时，例如当他不得不参军或跟亲戚们一起生活时，他可能被恐慌攫住。这种恐怖的缘由也可能表现为对发疯的恐惧；在这个病例中精神病发作是可能真正发生的。在分析中，当花了很多时间去创造虚假和谐的患者突然承认他处于分裂状态时，类似的恐惧便会出现。

对精神失常的恐惧最常见的是由下意识的愤怒引起的，这会在精神分析中表现出来，当这种恐惧已经平复时，患者还会心有余悸，担心自己一旦失控便会骂人、打人甚或杀人。这时患者会担心自己在睡梦中或在酗酒、麻醉或性兴奋的影响下犯下暴行。愤怒本身可能是有意识的，或者以强迫性的暴力冲动出现在意识里，与外部的影响没有关系。另一方面，愤怒也可能是完全无意识的；在此情况下患者只是感到突如其来的一阵阵莫名的恐慌，或许伴随有出汗、晕眩或害怕昏晕，这意味着患者有潜在的恐惧，担心无法控制自己的暴力冲动。如果下意识的愤怒被外化了，患者会害怕大雷雨、鬼魂、窃贼、蛇，等等，也就是说，恐惧身外所有的潜在破坏性力量。

但归根结底，对精神失常的恐惧是比较罕见的。这仅仅是害怕失去均衡的最突出的表现。通常，对失去平衡的恐惧会以较为隐蔽的方式起作用。这时它以模糊而不确定的方式出现，日常生活中的所有改变都能引发这种恐惧。心怀这种恐惧的人在知道自己即将旅行、搬家或变换工作，或新雇女仆，或不论干什么的时候，都会感到不安。只要有可能，他们就会试图避免这种改变。精神分析对稳定性的威胁，可能是令患者不愿接受分析的一个因素，尤其是在他们已找到一种生活方式容许他们挥洒自如的时候。当他们讨论精神分析的好处时，他们会关心那些乍看之下好像挺合理的问题：分析疗法会不会毁掉自己的婚姻？它会不会短暂地剥夺自己的工作能力？它会不会弄得自己容易发怒？它会不会干涉自己的宗教信仰？我们将会看到，这类问题部分是由患者的无助引起的；他认为自己不值得冒任何风险；不过，在其担心的背后也有真实的忧惧：他需要有人向他保证分析治疗不会打乱他的平衡。在这种病例中我们能够十拿九稳地断定，患者的平衡是格外不稳定的，而对他进行分析将会是棘手的事情。

分析师能不能把患者想要的保证给予他呢？不，他不能。每个病例的分析都注定会造成患者暂时的不安。不过，分析师能做的是直奔这种问题的根源，向患者解释他真正害怕的是什么，并告诉患者：虽然分析会打乱他当前的平衡，但会给他机会去建立更牢靠的平衡。

　　由保护性构造带来的另一种恐惧是害怕暴露。其根源在于这种构造本身的形成与维护中存在大量的伪装。我们将在讨论未解决冲突会损害患者道德诚信的有关问题时描述这些伪装。就我们眼下的目的而言，我们只需要指出，神经症患者想要在自己和他人面前表现得不同于他真实的形象，他想显得更加和谐、更加理智、更加慷慨，或更加强有力，或更加无情。很难说他是更害怕把自己的真面目暴露给自己还是暴露给他人。他在意识中最担心的是别人，而他的忧惧越是外化，他就越是害怕别人看穿他的真容。在这种情况下，他会说，他如何看待自己并不重要；他面对自己的失败还能迈步前进，只要能把别人蒙在鼓里就行了。实际情况并非如此，但他意识中的感觉就是如此，表明了外化作用的程度。

　　对暴露的恐惧既可能表现为患者恍惚觉得自己在吹牛唬人，也可能是纠结于与患者真正感到不安的事情仅仅是遥相关联的某种特定的品质。患者可能担心自己没有别人认为的那么聪明，那么有能力，那么有教养，那么有魅力，于是害怕自己会有自己人格中并未具备的那些品质。于是一名患者回忆说，他在年少时曾无法摆脱一种恐惧。他是班级里的尖子生，但他担心那完全是吹牛唬人。每一次转学，他都会想：

"这次我肯定会被揭穿老底！"而这种恐惧甚至当他再次拔得头筹时还在持续。他的感觉令他困惑，但他无法找到其中的缘由。他无法看清这个问题，因为他想法不对：他对暴露的恐惧完全无关于他的智力，而只是被转移到了这方面。真正有关系的是，他下意识地假装自己是个不关心等级的好人，而实际上他有一心想要胜过他人的破坏性欲求。这种解说把我们引向一般的结论。担心自己吹牛唬人总是与某些客观因素相关联，但通常并非患者本身认为的那个因素。从症状上说，其突出表现是脸红或对脸红的担心。由于它是患者害怕暴露的下意识伪装，如果分析师注意到了患者害怕真相暴露，便去寻索他认为患者觉得可耻并要掩盖的经历，那么他就会犯下严重的错误。不过患者也可能没有隐瞒什么。这时会发生什么情况呢？他会越来越担心自己身上一定有什么他下意识不想暴露出来的特别糟糕的东西。这种情况有助于患者反躬自省，但对建设性工作却没有益处。他或许会就其性事或破坏性冲动讲出更多的细节。但是，只要分析师未能认识到患者陷入了冲突，而他本人只是在分析冲突的一个方面，那么患者对暴露的忧惧会继续存在。

还有一些情况可能诱发暴露的忧惧，那就是神经症患者觉得自己将要经历一场考验的时候。这包括开始一份新工作，结交新朋友，进入新学校，参加考试，社交聚会，或参加某种可能使他变得显眼的活动，哪怕不过是出席一个讨论会。患者意识中所有的担心失败的感觉，其实往往都跟暴露有关，因此即便他成功了，也无法驱除这种担忧。患者只会感到他这次"过关"了，但下一次呢？如果下次他真的失败了，他只会更加确信他以往一直都是在吹牛，而这次他原形毕露了。这样的感觉有个后果，便是羞怯，尤其是在所有新处境中。另一后果是得到别人的喜欢或赞赏时谨慎应对。他会有意识或无意识地想道："他们现在喜欢我，但如果他们真正了解我，他们的感觉就会不同了。"自然，这种忧惧会在分析中起作用，因为分析的明确目的就是"揭露"。

每一种新的忧惧都需要一套新的防御措施。为了对抗害怕暴露而建立的防线是彼此对立的，并取决于患者的整个性格构造。一方面，患者会有逃避各种考验处境的倾向；如果他无法逃避考验，他便有可能变得矜持、自制并戴上无法穿透的面具。另一方面，患者会做出下意识的努力，想成为无懈可击的吹牛者，这样就不必害怕暴露了。后面这种态度不单单是防御性的：那些间接体验生活的攻击型患者也会运用天花乱坠的吹嘘来镇住那些他们想要利用的人；这时，任何质疑他们的企图都会遭到狡猾的反击。我在这里指的是公开的施虐狂。我们稍后将会看到这种特性是如何适应患者的整个性格构造的。

当我们回答了以下两个问题的时候，我们就会了解对于暴露的恐惧：患者害怕暴露的是什么？如果他暴露了，他害怕的是什么？第一个问题我们已经回答过了。为了回答第二个问题，我们必须涉及源于保护性构造的另一种恐惧，即对漠视、羞辱与嘲笑的恐惧。如果说，这种构造的动摇会导致患者害怕失去平衡，而与此相关的下意识的欺骗则使得患者害怕暴露，那么对于羞辱的恐惧便是源于受到伤害的自尊。我们已在其他论述中谈到这个问题。理想化形象的创造与外化过程都是患者为修复被破坏的自尊而进行的努力，但正如我们所见，二者都只会更加伤害自尊。

如果我们全方位考察在神经症形成过程中自尊经历了什么变化，我们会邂逅两副跷跷板的玩法。当现实自尊的水平下落时，非现实的自豪就上升了，患者自豪于自己多么善良、多么积极进取、多么独特唯一、多么无所不能或无所不知。在另一副跷跷板上，我们看到神经症患者的现实自我塌下来了，而跷跷板的另一头，则是别人上升到了巨人塑像的高度。压抑、限制与理想化、外化使得自我大面积黯然失色，透过这种侵蚀，患者看不清自己了；他觉得自己像个没了重量与实质的影子，甚至就是个影子。同时他对他人的需要与恐惧不仅使他人变得更加可畏，而且是他更加需要的。于是患者的重心从自己移向了别人，于是患者把本该属于自己的特权让给了他人。其效果是过分重视他人对自己的评价，而患者的自我评价不再重要。这就把压倒性的力量拱手让给了别人的看法。

上述两副跷跷板的玩法叠加起来，说明了神经症患者极易受到漠视、羞辱与嘲笑的伤害。每一例神经症都或多或少会发生这种情况，所以患者在这方面普遍表现得极为敏感。如果我们认识到了患者害怕漠视的多个源头，我们便会明白，要想排除甚至消灭这种恐惧并非易事。它只会随着整个神经症的缓解而减弱。

一般而言，这种恐惧的后果是神经症患者疏离他人，并使之对他人产生敌对。但更重要的是，这种恐惧具有将患者羽翼钳住的力量。患者不敢指望从别人那里获得什么，不敢为自己设定高目标。患者不敢接近在任何方面都显得比他们优越的人；他们不敢发表意见，哪怕他们可能有真知灼见贡献出来；他们甚至在拥有创造性能力时也不敢加以发挥；他们不敢让自己具有魅力，不敢尝试去打动他人，不敢寻求更好的职位，等等；等等。当他们朝这些方向伸出触角时，便因害怕遭到嘲笑而退缩了，回到矜持与尊严的硬壳内避险。

有一种恐惧比我们已经描述过的所有恐惧更难察觉，可以视为上述恐惧以及在神经症形成过程中产生的其他忧惧的聚合体。这是对于自己会变的恐惧。当患者考虑改变的时候，会以两种极端的态度做出反应。他们要么让有关改变的话题全都含混不清，认为在未来某个不确定的时间里，由于某种奇迹，改变将会发生；要么他们会在认识还很肤浅的时候便试图过于迅速地改变。在第一种情况中，他们在心理上留了一手，认为对问题投去匆匆的一瞥或者承认自己的弱点就够了；如果你告诉他们，为了完全实现自己的抱负，他们必须真正改变态度与倾向，他们便会感到震惊与不安。他们情不自禁地明白了你的说法是合理的，但他们仍然会下意识地加以排斥。第二种情况是相反的态度，会发展为下意识的伪装改变。这部分是一厢情愿的想法，是由于患者无法忍受自身的任何瑕疵而引起的；但这也是由其下意识的全能感所决定的，他认为只要发愿让困难消失就足以将困难赶跑了。

在害怕改变的背后，患者隐藏着"会不会变得更糟"的疑虑，即患者担心会不会弄丢他的理想化形象，会不会变成他所排斥的自我，会不会变得和其他所有人一样，或者会不会在经过分析后只剩下一个空壳；患者害怕未知的事物，害怕他被迫放弃安全的设置，害怕放弃迄今所获的满足，尤其是追随着向他许诺解决问题的幽灵所获得的满足；最后是害怕他没有能力改变，当我们开始讨论神经症患者的无助时，对这种恐惧会有更好的理解。

所有这些恐惧都是源于未解决的冲突。但是，由于我们为了最终获得人格的整合，必须直面这些恐惧，所以它们也成了我们正视自己的障碍。可以说，它们是一座炼狱，为了得救，必须在它们当中穿游而过。

第十章　人格的贫化

为了考察未解决冲突的后果，必须进入一个看似无限的领域，一个很少被人探索的领域。如果我们先行讨论某些症状性失调，诸如抑郁、酒精中毒、癫痫或精神分裂症，或许能够走进这片领域，希望由此而加深对特定困扰的了解。不过，我宁愿从较为普通的有利角度来考察它，并提出这样一个问题：未解决的冲突会对我们的精力、我们人格的完整和我们人生的幸福产生什么影响呢？我之所以采用这个方法，是因为我相信，如果我们没有认识症状性失调的基本人性根源，我们就无法把握它的意义。在现代精神病学中，人们倾向于摸索出一套方便的理论模式来解释现存的综合征，这是临床医生的需求，鉴于他们的工作就是治疗这种疾病，所以这种需求并不过分。但是，这么做的可行性很小，更谈不上科学性，正如建筑工程师在打好地基之前就去建造房屋的顶层一样。

在我提出的问题中，有些要素已在前文提到，在此只要详加说明就够了。还有一些要素包含在前面的讨论中。我们还要补充一些要素。我们的目的是，不要让读者只获得某种模糊的观念，仅仅知道未解决冲突会有害于人，而是要就这些冲突强加给人格的浩劫，向读者传达一幅相当全面的清晰图景。

带着未解决的冲突过日子，主要会造成毁灭性的人类精力浪费，这不仅是由冲突本身造成的，而且也是患者为了消除冲突而做出的所有处心积虑的努力造成的。当一个人从本质上分裂了，他绝不可能集中精力做事，而会总想着要实现两个或更多互不相容的目标。这意味着他要么会分散精力，要么会积极地挫败自己的努力。有些患者真是在耗散精力，他们的理想化形象如同彼尔·金特的一样，引诱他们相信自己能在任何领域出类拔萃。这类病例中有个女患者，既想做个理想的母亲，又想做个出色的厨子和主妇，她想穿着入时，在社交界和政界大出风头，她还想做个尽职的妻子，只是割舍不下婚外的风流韵事，还想干她自己那份创造性的工作。不用说，这是白费心机；她的所有这些追求注定都会失败，而她的精力将会浪费掉，不论她有多少潜在的天赋。

更常见的是单种追求的受挫，在这里，互不相容的动机会相互妨碍。一个人可能想要做个好朋友，但他那么刚愎自用，

136

对人那么苛刻，他在这方面的潜力绝不会变成现实。另一个人想要他的孩子们在世上飞黄腾达，但他对个人权力的强烈欲望和他的自以为是干扰了他。有些人想要写本书，但是每当他无法立即构思出他想要说的东西时，他便头痛欲裂，或陷入极度的疲劳。在这种病例中又是理想化形象在捣鬼，他想："既然我是个才子，为何精彩的想法没有像从魔术师帽子里跳出兔子一样从我笔下流出呢？"当他没有文思泉涌时，他会自怨自艾。另外有人肚子里可能有些真货，打算在会议上提出来。但他不仅想一鸣惊人，还想让别人相形见绌；他还想给人好感，避免引起非议，同时由于其自卑的外化，他预见到了别人的嘲笑。结果是他根本无法思考，而他肚子里的那点真货也无法兑现。还有一个人，原本可以成为良好的组织者，但由于其施虐狂倾向他把身边的每个人都得罪了。无须再举更多的例子了，因为我们大家都能找到大量的例子，只要我们看看自己，看看我们身边那些人。

在这种缺乏明确方向的现象中有个明显的例外。有时候，神经症患者会表现出惊人的专一性：男人为了实现抱负可以牺牲一切包括他们的自尊；女人在生活中可能除了爱情什么都不要；为人父母者可能将其全部心思放在自己的孩子身上。这种人给人的印象是一心一意。但正如我们已经指出的，他们实际上是在追求貌似能够解决其冲突的幻觉。这种明显的专注是孤注一掷而不是人格的完整。

　　并非只有相互冲突的欲求与冲动才会吞噬并耗尽患者的精力。保护性构造中的其他因素具有相同的效果。由于基本冲突的某些部分遭受压抑，会发生人格全域的黯淡。但黯淡的部分仍很活跃，足以给患者造成困扰，但起不了建设性的作用。于是，这个过程就是精力的流失，若非如此，患者原本可以将那些流失的精力用于建立自信、与人合作或建立良好的人际关系。这里只谈一个另外的因素，即患者剥夺自己推动力的自我疏离。他可以仍然是个良好的工作者，当他受到极大的压力时，甚至还可能做出相当大的努力，但他在只能依赖自己的资源时，他便会崩溃。这不仅意味着他无法从事任何建设性的事情或享受其业余时间；这清楚地表明他的所有创造力都会虚耗一空。

　　大致而言，各种因素联合造成了患者大面积的弥漫性压抑。为了理解并最终消除单种的压抑，我们通常必须一遍又一遍回过头来研究它，并从我们已经讨论过的所有不同的角度来解决它。

　　精力的浪费或使用不当来源于三大困扰，即未解决冲突的所有症状。其中之一是凡事犹豫不决。它可能表现在每件事情里，从琐屑小事到个人的头等大事。吃这盘菜好还是吃那盘好？

买这个手提箱好还是买那个好？看电影好还是听广播好？患者总是摇摆不定。患者犹豫不决的事情可能是选择怎样的人生，也可能是在某种人生中要不要迈出某一步；或者在两个女人中选择哪一个；或者究竟要不要离婚；或者究竟死了痛快还是生有可恋。在做必须要做而又无法改变的决定时，是对人的真正严峻的考验，这可能把人搞得惊慌失措、精疲力竭。

尽管患者的犹豫不决可能是显著的，但他们往往对之并无知觉，因为他们下意识地尽可能去避免抉择。他们拖延；他们就是"抽不出时间去"办事；他们宁愿听从机会的摆布，要不就把决定权交给别人。他们也可能把水搅浑，使得做决定失去了依据。随之而起的盲目性同样往往是患者本人看不分明的。患者下意识地耍出许多手腕来掩盖无处不在的优柔寡断，这就带来了一种比较罕见的情况，即分析师竟然会听到患者抱怨那些其实是普通人也有的困扰。

被分裂的精力还有一个典型表现，即患者整体上的无效性。在这里我指的不是患者在某个特定领域中不胜任，这种情况可能是由于缺乏专业训练或缺乏专业兴趣。我所指的也不是能量未被开发，即威廉·詹姆斯在一篇最有趣的论文[1]中所描述的情况。那篇论文指出了一个现象，即如果你不把最初出现

---

① 威廉·詹姆斯，《记忆与学习》，朗曼斯，格林，1934 年。

的疲惫征兆当回事，或者当你受到外部环境的压力时，你的能量库就是用之不竭的。这里所说的无效性，是因为患者的内心存在相反的倾向，致使他没有能力发挥最大的努力。这就好像他踩着刹车开车，车子必然很难前行。有时候情况真是如此，患者努力去做的每件事都会进展很慢，就他的能力而言，本不应该这么慢，任务本身的难度并不大，不足以为他的进展缓慢提供辩解。不是他努力得不够；相反，他做事总会投入过多的努力。例如，他要花好几个小时才能写完一份简单的报告，或者掌握一个简单的机械装置。妨碍他的因素当然是五花八门的。有些因素他认为是强迫性的，所以他下意识地加以反抗；他也可能被迫对每个细节吹毛求疵；他可能对自己生气，如同上述一个病例中的情况一样，他会气自己在初试锋芒时没有出色的表现。无效性不仅表现在工作进度的迟缓；它也可能表现为笨拙与健忘。女仆或主妇如果暗自认定自己干家务活这种卑贱的工作太屈才了，她就干不好本职工作。她的无效性通常不会局限于家务活，还会影响其所有的作为。从主观的角度来看，这意味着在压力下工作，其结果一定是很容易精疲力竭，需要很多睡眠。在这种情况下，任何工种都注定会要从业者付出更多的努力，正如汽车如果被踩着刹车行驶肯定会有更大的消耗。

内心的压力与无效性不仅出现在工作中，也会在明显地表现在和他人的交往中。如果某人想要与人为善，但同时又觉得这是阿谀逢迎，因而厌恶这种想法，他就会变得态度生硬；如果想求别人给他某样东西，但又觉得自己理应得到它，他就会变得无礼；如果他既想坚持己见，又想人云亦云，他便会变得迟疑；如果他既想与人接触，却又预见到会被拒绝，那么他就会变得胆怯；如果他既想发生性关系，却又想让性伙伴扫兴，他便会变得冷漠；如此等等。冲突越是普遍，生活的压力就越大。

有些人对这种内心压力是有知觉的；只要它在特殊环境下增强了，他们就更会对它有所察觉。在少数情况下，他们也会放松心情、心里踏实并具有自发性，只是在跟这种情况形成对照时，内心压力才会给他们造成印象。至于压力导致的疲惫，他们通常认为是其他因素造成的，如体质虚弱、工作过量与睡眠不足。的确，其中任何一个因素都可能导致疲惫，但远不如一般认为的那么重要。

在此有关联的第三种症状性困扰是总体上的惰性。受其煎熬的患者有时会责怪自己懒惰，但实际上他们无法做到懒惰，也无法享受懒惰。他们会有意识地反感一切努力，并可能将他们的反感合理化，他们的说道是：只要有想法就够了，落实"细节"，也就是干活，就要靠别人了。对努力的反感也可能表现为恐惧，担心努力会对自己有害。鉴于他们知道自己容易疲倦，这种恐惧是可以理解的；如果医生不去探究造成疲惫的原因，他们给患者的忠告可能会放大这种恐惧。

神经症惰性是主动性与行动力的麻痹，它是严重的自我疏离与缺乏目标感造成的结果。长期在压力下进行并不能令人满意的努力，会给神经症患者造成弥漫性很大的精神萎靡，尽管其间也会有插曲性的狂热时期。在单独起作用的病因中，影响力最大的是理想化形象与施虐狂倾向。正是必须不懈努力这个情况，可能让神经症患者觉得丢脸，因为这证明了他不是其理想化形象，而只能忙于某种庸碌之事，那就太没前途了，他宁可不做这事，而在幻想里干得风生水起。令人苦恼的自卑总是尾随理想化形象而来，剥夺他对自己大事莫不能干的自信，因而把他在行动中所有的刺激与快乐埋葬到流沙之中了。施虐狂倾向，尤其是在其被压抑的形态中（逆转型施暴狂），会使患者见到貌似具有攻击性的事物便走向相反的极端，结果是，患者马上会陷入一定程度的精神麻痹。总体上的惰性具有特殊的重要性，因为它对患者的影响不仅涉及行为也会涉及感情。未解决的神经症冲突造成的精力浪费，其数量是大得无可计数的。由于神经症从根本上而言是特定文明的产物，人类天赋与品质的如此损耗，算得上对于特定文明的严重控告。

与未解决的冲突共舞不仅牵涉精力的耗散，也会造成道德性问题的分裂。也就是说，在道德原则中造成分裂，在影响患者与他人关系并影响患者本身发展的所有感情、态度、行为中造成分裂。如同精力分散导致浪费一样，在道德问题上会导致道德诚信的丧失，或者换言之，导致道德完整性的损害。这种损害是由患者采取相互矛盾的立场造成的，也是由患者掩盖其矛盾性质的企图造成的。

互不相容的道德价值观会表现在基本冲突中。尽管患者竭尽全力去调和不同的价值观，但它们全部在继续发生影响。不过，这意味着患者不会也不能认真对待所有这些价值观。理想化形象尽管包含真正理想的要素，本质上却是山寨货，患者本人或未经训练的观察者都很难将它与正品区别开来，正如很难区分伪钞与真钞一样。如我们所见，神经症患者可能相信，真诚地相信，他是在追寻理想，每走错一步他都会苛责自己，于是给人的印象是他在遵循准则时责任心过强；或者他会满脑子都想着并大谈特谈价值观与理想来令自己陶醉。我断言他仍然没有认真对待其理想，指的是他的理想对其生活并不具有道德约束力。他在用起来得心应手或者用了能够获利的时候才会应用这些理想，换了别的时候他随手就把理想扔掉了。我们在关于盲点与分隔的讨论中已经见过这种例子，如果换了认真对待理想的人，出现这种情况是不可思议的。如果理想是真实的，人们不可能轻易将之舍弃，例如，不可能像某人的情况一样，他也是满腔热忱地声称自己热情地献身于一桩事业，但在受到引诱时便成了叛徒。

一般而言，道德完整性受损的特征是诚信度降低与自私度增强。在这方面有件事值得关注：在禅宗佛教徒的著作中，诚信等同于一心一意，正好指出了我们在临床观察中得出的结论，即其内心发生了分裂的人不可能是完全诚实的。

> 僧侣：我知狮之捕敌，无分兔、象，皆尽其全力；请告我此力为何？
>
> 师父：诚实精神也。（字面意义为"不欺之力也"。）

诚实，即不欺，意为"全力以赴"，严格说是"全神贯注"……其中毫无保留，毫无伪装，毫无浪费。一个人如此生活，便能获得"金毛狮"称号；他是雄健、诚实、专一的象征；他是圣人。[1]

自私自利在涉及使他人顺从自己的欲求时，是一个道德问题。它不把他人当作具有其自身权利的人来看待，而只是将之当成了自己为达到目的而使用的工具。患者为了舒缓自己的焦

---

[1] D.T. 铃木，《禅宗佛教及其对日本文化的影响》，东方佛教协会（东京），1938 年。

虑，不得不去安抚并喜欢他人；为了提升自己的自尊，不得不让别人对自己刮目相看；由于患者无法对自己负起责任，他就必须去责怪别人；由于患者自己好胜心切，就必须击败他人；等等。

这些损害会以特定的方式表现出来，不同的患者有不同的表现方式。其中大部分方式已在他地方讨论过了，在此只需要进行比较有系统的回顾。我不会努力去做到详尽无遗。由于施虐狂倾向被视为神经症形成的最终阶段，所以我们尚未讨论它，而且必须推迟这一步，仅仅是为了这个原因，我也很难做到没有遗漏。现在从最明显的表现方式谈起，不论神经症的形成过程如何，下意识假装总是其中的一个因素。下面是一些突出的表现。

假装爱。能够用"爱"来一言以蔽之的，或以"爱"的名义主观体验到的感情与争取，其种类之多是令人惊讶的。某人觉得自己太软弱、太空虚，无法独立生活，指望依附他人生活，这也可能被称为"爱"。[①] 在"爱"具有较大的攻击性时，它的意义可能是利用伴侣，希望通过伴侣获得成功、声望与权力。"爱"也可能表现为想要征服某人并盖过他一头，或者想要与伙伴合作，或者也许是想以施虐狂的方式依赖于伙伴来生

---

① 参见卡伦·霍妮的《自我分析》，前引书，第八章，"病态依赖"。

活。"爱"可能意味着某人想要得到崇拜，并由此而让其理想化形象得到肯定。正由于"爱"在我们的文明中极少是真正的钟情，所以虐待与背叛大量存在。那么，留给我们的是这样一个印象："爱"变成了轻蔑、仇恨或冷漠。但是真爱并不能如此轻易被打发掉。事实上，刺激假爱产生的感情与企图最终都会浮出水面。不用说，这种假装会影响亲子关系与朋友关系，也会影响性关系。

假装善良、无私、同情等等，与假装爱相类似。这是服从型患者的一个特征，并被特定种类的理想化形象以及想要消除所有攻击性冲动的欲求所增强。

假装爱好与了解在那些疏离自己情感并相信生活能够单单由理智来主宰的人身上表现得最为明显。他们必须假装自己无所不知并对事事都感兴趣。但它也会在那些貌似听从于某种特定的召唤而去献身的人身上以较为隐蔽的方式表现出来，他们下意识地把假装的爱好用作争取成功、权力或物质利益的踏脚石。

假装正直与公平最常见于攻击型患者，尤其在他有显著的施虐狂倾向时。他识破了别人身上的假装爱与假装善，认为自己由于不认同假慷慨、假爱国、假虔诚或所有假东西的习惯性虚伪，所以是格外诚实的。实际上他有自己不同类目的虚伪。他缺乏流行的偏见可能是因为他盲目而逆反性地抗拒一切传统价值观。他有说"不"的能力可能不是因为他强大，而是想要挫败他人。他的坦率可能是嘲弄与羞辱别人的欲望。他坦承自己信奉合理的利己主义，而这背后就隐藏着利用别人的欲望。

假装受苦是一定要详加讨论的，因为围绕它产生了一些混乱的观念。严格遵循弗洛伊德理论的分析师与外行共享了一个信念，即神经症患者想有被虐待的感觉，想要烦恼，想要受到惩罚。支持神经症患者想要受苦这种观念的资料是众所周知的。但是"想要"这个说法实际上涉及五花八门理性的过错。这种理论的提出者未能领会神经症患者所受的痛苦比他意识到的多得多，而且通常只是在开始痊愈时才意识到自己的痛苦。更中肯地说，他们好像不明白未解决冲突给患者带来的痛苦是不可避免的，完全无关于患者的个人愿望。如果神经症患者听任自己人格分裂，他肯定不是因为想受这种伤害而自求分裂，而是内心的需求强迫他这么做。如果他行事低调，被打了左脸便把右脸凑过去，那么，至少是下意识的，他讨厌这么做，并为此看不起自己；但他非常恐惧自己的攻击性，所以他必须走向相反的极端，让自己遭受某种方式的虐待。

促使人们认为神经症患者"偏爱受苦"的另一个特征，是患者具有将所有痛苦加以夸张或戏剧化的倾向。不错，患者可以感受到自己的痛苦，并出于某种隐秘的动机而将痛苦展示出来。这可能是患者为了引起关注或请求原谅而找来的借口；患者可能下意识地用这个借口来达到利用他人的目的；这可能是患者表达被压抑的怨恨，然后把它用作解除约束的手段。但是鉴于患者内心相关的种种盘算，这些都是神经症患者为了达到目的能够找到的唯一途径。也不错，他经常把自己的痛苦归因于虚假的理由，于是给人的印象是好没来由地沉溺于痛苦之中。于是他可能郁郁不欢，把自己的痛苦归咎于自己的"罪过"，而痛苦的真实来源是，他并不是他的理想化形象。或者他在别离了所爱的人时可能觉得失落，尽管他将自己的感觉归因于深爱，实则是由于内心被撕裂而无法忍受独自生活。最后，他可能篡改自己的心情，在他实际上是怒火填膺时认为自己是在受苦。例如一个女人因情人未在约定时间给她写信而认为自己是在受苦，但其实她是生气，因为她想要事情严格按照她所期盼的样子发生，或者因为她只要发觉伴侣对她稍有疏忽的迹象就觉得受了轻侮。在这个例子中，患者下意识地宁可认为自己是在受苦，也不愿承认自己是在生气，而这是神经症的强迫性驱动力造成的，并且由于受苦有助于掩盖整个关系所涉及的欺骗性，所以患者要强调它。然而，这些例子当中没有一例可以推断出神经症患者想要受苦。患者表现出来的是下意识的假装受苦。

还有一种明显的损害是下意识的自大。我在这里又是指患者向自己冒称具有自身并不具有的品质，或者夸大自己虽然拥有但不如假设中那么优秀的品质，也是指因此而下意识地主张自己有权苛求并贬低他人。所有神经症自大都是下意识的，因为当事人意识不到自己是在冒称。在此处，区别不在有意识自大与无意识自大之间，而是在于，有意识自大是明显的，而无意识自大则隐藏在谦虚过度与谢罪行为的背后。区别在于自大具有的攻击性的大小，而不在于持续存在的自大有多严重。在一个病例中，患者公然要求特权；在另一个病例中，如果特权不是别人自动给予的，患者会觉得受伤。两个病例中都缺乏所谓实事求是的谦逊，即不但在口头上而且在内心深处也承认人非圣贤孰能无过，尤其是承认自己的局限与瑕疵。据我的经验，每个患者都不乐意想到或听到别人说自己是有局限性的。这在具有隐性自大的患者身上表现得尤其真切。他宁愿无情地责骂自己不该有所忽略，却不愿承认圣保罗所谓"我们只有零星的知识"。他宁愿反省自己粗心大意或懒惰，也不愿承认没人能够总以四两拨千斤。隐性自大最可靠的标志是一种明显的冲突，即以谢罪态度进行的自省与外界批评或冷落引起的内心愤怒之间的冲突。通常需要密切的观察才能发现这些受伤的感觉，因为谦虚过度型患者很可能将它们压制下去。但实际上他可能如公然自大的人一样苛求于人。他对别人的批评也是同样尖刻的，不过表现出来的却可能只是甘拜下风的敬佩。然而，私下里他期望别人和他自己一样完美，这意味着他对别人的独特个性缺乏真正的尊重。

另一个道德问题是不能采取明确立场和随之而来的不可靠性。神经症患者很少根据一个人、一种思想或一桩事业的客观价值而宁愿依据自己的情感欲求来站位。然而，由于这些欲求是相互矛盾的，所以他很容易转换立场。因此，许多神经症患者很容易在更深的喜爱及更大的威望、认可、权力或"自由"的诱惑下发生动摇，在某种程度上可以说是下意识受贿。这适用于他们所有的人际关系，不论是个人关系还是作为团体中的一员。他们往往无法让自己坚持对别人的感觉或看法。一点未经证实的闲言碎语便可能改变他们的看法。某次失望或冷落，或者被感觉为失望与冷落的东西，都会成为足以开除一个"死党"的理由。遇到麻烦可能将他们的满腔热情变成萎靡不振。他们可能由于某种个人恩怨而改变其宗教上、政治上或科学上的观点。他们可能在私聊中站队，而当某个权威或团体稍稍施加压力时便会让步，通常并不了解自己为什么改变了看法，甚或根本没意识到自己改变了观点。

神经症患者可能下意识地避免明显的动摇，其办法是不急着下决断，"脚踏两条船"，使自己有从容选择的余地。他会说情况确实太复杂了，所以他采取骑墙的态度是合理的。他也可能为强迫性的"公正"所支配。毫无疑问，真正追求公正是有价值的。在许多情况下，有意识地想要做到不偏不倚，确实也会使人难以选择明确的站位。但是，公正也可能是理想化形象的一个具有强制性的属性，在此情况下它的功能正是使人没有必要站位，同时又容许患者觉得是"遵照天意"要超脱于带偏见的争斗之上。在这种情况下患者会有一种倾向，即不加选择地相信两种观点其实并不那么矛盾，或者认为争论双方都有理。这是虚假的客观性，它会妨碍患者看清事情的本质。

在这一点上，不同类型的神经症会表现出很大的差异。在那些真正的超脱者身上可以看到最大程度的正直，他们已经跳出了神经症竞争与神经症忠诚的漩涡，不会轻易被"爱"或野心所收买。而且，他们对生活的旁观者态度通常容许他们在判断中有相当大的客观性。但并非每个超脱者都能采取立场。他可能非常厌恶争论，或向自己承诺，哪怕在自己心里他也不会有旗帜鲜明的态度，他要么混淆问题，要么顶多记下别人判断的好与坏、正当与非正当，而不由自己来下定论。

另一方面，就攻击型患者而言，我关于神经症患者在站位时通常会有困难的断言好像是不成立的。尤其是当患者倾向于固执正确的时候，他似乎有一种非凡的能力来确立自己的看法，来为自己的观点辩护，并将之坚持下去。但这种印象是靠不住的。当这种类型的患者坚定不移的时候，绝大多数情况下都是因为他固执己见，而不是因为他有真正的信念。由于他那些坚定不移的看法也有助于消除他心中所有的疑虑，它们往往具有教条性甚或盲目性。而且，他可能被权力与成功的预期所贿赂。他的可靠性是有限的，局限于他对控制与认可的强烈欲望所划定的界线之内。

神经症患者对责任的态度有可能是难以理解的。这部分是由于"责任"一词本来就有五花八门的含义。它可能是指履行职责或义务的责任心。在这个意义上，神经症患者究竟是否负责，取决于其特定的性格构造；这不是所有神经症共有的表现。对他人负责可能意味着患者觉得只要自己的行为会影响他人，他就要对自己的行为负责；但对他人负责也可能只是控制他人的委婉提法。当患者让自己负责是指承担指责的时候，可能仅仅是愤怒的表达，这是患者对自己不是其理想化形象感到的愤怒，而在这个意义上是与责任毫不相干的。

如果我们清楚对自己负责究竟意味着什么，我们就会明白，要让神经症患者对自己负责，是很难办到的，甚至是不可能的。这首先意味着，患者要实事求是地对自己和他人承认自己的意图、自己的说法或自己的行为，并愿意承担后果。这与撒谎或推卸责任是相反的做法。在这种意义上，神经症患者是很难做到对自己负责的，因为通常他不知道他在做什么，他为什么要这么做，并在主观上非常乐于不知情。所以他经常试图通过否认、遗忘、贬低、随口胡编动机、觉得被人误解或发懵。由于他倾向于排除或开脱自己，他动辄假设所有的麻烦都是妻子、生意伙伴、分析师造成的。还有一个因素经常促成他无力对自己的行为负责，甚至无力正视自己的行为，那就是潜在的全能感，根据这种感觉，他期望能够为所欲为并侥幸成功。承认不可避免的后果，会粉碎自己的全能感。最后一个与此相关的因素，乍看之下好像是没有从理性上根据因果进行思考的能力。神经症患者给人的印象通常是天生只能根据过失与惩罚来思考。几乎每个患者都会觉得分析师在责怪他，而实际上分析师只是让他面对自己的困扰及其后果。在分析处境之外，他会觉得自己像个犯人，总是处在怀疑与攻击之下，因此不断进行防御。实际上这是内心活动的外化。我们已经看到，这些怀疑与攻击所产生的源头正是他自己的理想化形象。是什么因素使患者几乎不可能思考与他自己相关的因果关系呢？正是挑错与辩护的内心活动，再加上内心活动的外化。但是，凡是在没有涉及自身困扰的情况下，他都能够和其他任何人一样实事求是。如果街道因为下雨淋湿了，他不会问这是谁的过错，而会接受因果联系。

当我们讲到对自己负责时，意思是指能够为自己认为是正确的事情站台，以及在我们的行为或决定被证明是错误的情况下勇于承担后果。当患者被冲突分裂的时候，这也是难以办到的。他内心有相互冲突的倾向，他应该或者能够为哪一种倾向站台呢？其中任何一种倾向都不代表他真正想要的或真正信赖的。他其实只能为他的理想化形象站台。不过，这可容不得他犯错。因此，如果他的决定或行为带来了麻烦，他一定会篡改真相，并将不利的后果归咎于别人。

有个比较简单的事例可以说明这个问题。有个男人是某个机构的头目，渴望着无限的权力与威望。他希望，离了他什么也做不成，什么也决定不了；他无法说服自己把职能托付给那些由于受过特殊训练而更有能力办好事情的人。在他心里，凡事他都比别人懂得多。此外，他不想别人获得重要感，或成为不可或缺的成员。如果时间与精力是无限的，他对自己的期望是高不可测的。但此人想要的不仅是控制；他也是顺从的，并想跟超人一般善良。他的未解决冲突造成了后果，他有了我们已经描述过的所有症状——惰性与睡眠不足，犹豫不决与拖延，因此他无法合理安排时间。由于他觉得守约是不可忍受的强制，他暗中享受让别人等待。此外，他做了一大堆不重要的事情，只是因为这些事迎合了他的虚荣心。最后，他急于成为称职的家庭男，这耗费了他许多的时间与心思。那么，很自然，他在这个人设中运转不灵了；但他看不见自己身上的缺陷，他把责任怪到别人头上，或者归咎于不利的环境。

让我们再问一次：他能为其人格中的哪个部分负责？为其

控制倾向负责，还是为其服从、安抚与讨好自己的倾向负责？首先，他对二者都没有意识。但就算他意识到了二者，他也不可能支持一个抛弃另一个，因为二者都是强迫性的。而且，其理想化形象不容许他看清自己，只让他看到自己有理想的美德与无限的能力。因此他无法对其冲突必然会带来的后果负责。如果他对此负责，那么他急于对自己隐藏的一切都会清楚地暴露出来。

一般而言，神经症患者在无意识中格外不乐意为自己行为的后果负责。他甚至对最明显的后果闭目不视。尽管他没有能力消除自己的冲突，他却又会在无意识中坚持认为，他是全能者，应该能够应付得来这些冲突。他相信，后果可能是别人会尝到的苦果，但对他而言后果是不存在的。因此他必须继续闪避对于因果法则的认识。只要他对这些后果敞开心扉，它们便会给他一个有力的教训。后果会滴水不漏地表明他的生活体系行不通，他在无意识之中要尽诡计花招也无法动摇作用于我们精神生活的那些法则，它们和作用于我们肉体的时候一样，是没有情面可讲的。①

事实上，这一整套有关责任的话题对患者并没有什么吸引

---

① 参见林语堂《啼笑皆非》，上引书。在关于"因果报应"的那一章里，针对西方文明中对这些精神法则的缺乏了解，作者表达了他所感到的惊讶。

力。他看到的，或隐约感觉到的，只是责任的负面。他还没有看到并只是逐渐学着去领会的是，如果他不理睬责任，他就否决了自己为独立而进行的热烈奋斗。他希望通过具有挑战性地拒绝履行其承担的所有义务来获得独立，而在现实中，为自己并对自己负责才是真正获得内心自由的不可或缺的条件。

神经症患者为了不承认他的问题与痛苦来源于其内心的困扰，会求助于三种手腕，有时求助于其中的一种，通常还会求助于其全体。在这一点上，外化手腕可能会物尽其用。在这种场合，每件事情，从食物、天气或体质，直到父母、妻子或命运，都被患者责怪为特定不幸的原因。第二种手腕，便是采取这样的态度：由于一切都不是他的过错，任何不幸降临到他头上都是不公平的。他生病、变老或死亡是不公平的，他婚姻不幸福、有个问题孩子是不公平的，他的工作老是得不到认可是不公平的。这种想法，无论是有意识的还是无意识的，都是个双重的错误，因为它不仅抹去了他自己在困境中应有的那份担当，而且抹去了所有他自己无法决定却影响其生活的一切因素。不过，这种想法也自有它的逻辑。这是一个孤独者的典型思维，他只关注自己，他的自私自利使他不可能只把自己看作大链条中的一个小环。他只会理所当然地认为他应该在特定的时间、在特定的社会体系中得到生活中所有的美好，但他厌恶跟别人联系在一起，不管是好是歹。于是他搞不懂自己为什么要为其未曾涉足于其中的事情而吃苦头。

第三种手腕是与他拒绝承认因果关系相关联的。事情的后果在他看来是孤立的事件，无关于他自己或他的困扰。例如，他会认为抑郁或恐惧仿佛是从天而降找上了他。这当然可能是由于他在心理学方面的无知或缺乏观察力。但在分析中我们可以见到患者极不愿意了解难以捉摸的因果关系。他会一直怀疑因果关系的存在，或干脆将之忘却；或者他会觉得分析师没有顾及他的来意，不去迅速地消除讨厌的困扰，反而"怪罪"到他头上，这样便巧妙地保全了自己的面子。因此，患者可能认识了与其惰性相关的因素，但不愿接纳一个明显的事实，即他的惰性不仅延迟了他的分析，而且耽误了他做的其他每件事情。或者，另一名患者会察觉到自己对他人有攻击性的贬损行为，但无法明白自己为何常常跟人吵架并被人讨厌。内心存在困扰是一码事，现实生活中的日常问题又是一码事。患者将其内心的困扰与它们对其生活的影响分离开来，是整个分隔倾向的主体部分之一。

患者不愿承认其神经症态度与强烈欲望所造成的后果，他的抵制倾向大部分是深藏不露的，并且正因为在分析师看来因果关系非常明显，他以为患者本人不会看不出来，所以他很容易忽略患者的抵制态度。这是不幸的，因为除非能让患者意识到自己对后果视而不见，并了解自己这么做的原因，否则患者是不可能意识到这么做对自己生活的干扰是多么严重的。使患者意识到后果在精神分析中具有强大的疗效，因为它使患者铭记了一件事：只有改变其内心的某些东西，他才能获得自由。

那么，既然神经症患者不能对其假装、自大、自私自利、逃避责任承担责任，我们究竟还能不能从道德的角度来讨论问题呢？有人会提出下面的异议：作为医生，我们只需要关心患者的病症与治愈，他的道德问题不属于我们的职业范畴。还会有人指出，弗洛伊德的伟大功绩之一就是放弃了我似乎正在鼓吹的"道学家"态度！

有人认为这种异议是符合科学精神的；但它们真的站得住脚吗？难道我们真的能在评判人类的行为时排除对与错吗？什么需要分析性的检验，什么不需要，如果是由分析师决定的，那么难道他们不正是根据他们已自觉摈弃了的那些判断标准来进行分析吗？不过，这种理所当然的判断会有一个风险：它们要么是在过于主观的基础上做出的，要么就是在过于传统的立场上做出的。于是分析师可能会觉得男性患者的放荡生活不需要分析，而女性患者的放荡却需要详加考察。或者，如果分析师赞成出于性冲动的出轨，他反而会认为忠诚是需要分析的，不论他（她）是男还是女。事实上，我们应该依据特定患者的神经症来做出判断。这里需要决定的问题是，患者采取的态度究竟会不会带来有害于其发展、有害于他与别人关系的后果。如果产生了不良的后果，这种态度就是错误的，需要纠正。分析师应该向患者明确陈述下结论的理由，以便患者在此事中下定自己的决心。最后，以上异议难道不是与患者的想法一样存在着谬误吗？这个谬误在于，认为道德只是判断上的问题，并非从根本上而言是带有后果的现实问题。我们以神经症自大为例来说明。神经症自大是一个事实，不论患者对此是否负有责任。分析师认为自大是患者必须认识并最终克服的问题。分析师采取这种批判的态度，难道是因为他在主日学校得知自大是有罪的而谦逊则是美德吗？或者，他的判断是不是由下面这个事实决定的？这个事实是：自大是不切实际的，会有不利的后果，它是患者不可避免的重担，而这又无关于患者是否对此负有责任。不过，在自大的病例中，后果是妨碍患者了解自己，因此会阻挠他的发展。此外，自大患者容易对别人不公，而这又有其后果，不仅会使患者偶尔与别人发生冲突，还会使他总体上与人疏远。然而，这只会使他更深地陷入神经症。由于患者的道德问题有一部分是其神经症的结果，有一部分则有助于其维持神经症，所以分析师别无选择，只得关注患者的道德问题。

第十一章　绝望

　　尽管有冲突，神经症患者有时还是能够得到满足，能够享受他自己觉得对味的事情。但是，他的快乐会受到太多的限制，所以不可能经常出现。举例来说，不论什么事情，他都无法取乐于其中，除非他是独自一人——或者除非他是与别人一同分享；除非他在那个处境中占主导地位，或者，除非他在所有方面都得到了认可。由于得到快乐的条件大多数时候是相互矛盾的，他得到快乐的机会又进一步减少了。他可能高兴另外有人领头，但他同时又会心怀芥蒂。女患者可能为丈夫的成功感到自豪，但她也可能为此而妒忌丈夫。她可能享受举办派对的乐趣，但她要求事事都很完美，以至于派对开始前她就精疲力竭了。就算神经症患者确实找到了一时的快乐，它又太容易被他的各种弱点与恐惧所干扰。

而且，他过于在意每个人生活中都会发生的那种倒霉事。小小失利也会使他消沉，因为这失利证明了他总体上的无价值，哪怕造成失利的因素超出了其能够控制的范围。任何无害的批评性评议都可能令他发愁或郁闷，等等。结果他的快活度与满足度通常低于环境容许的指标。

这种处境本身就够糟糕了，又被更深的思虑弄得雪上加霜。只要还有希望，人类好像能够忍受数量大得惊人的痛苦；但是神经症缠身必定会造成某种程度的绝望，纠缠越严重，则绝望越深。绝望可能埋藏在内心深处，因为从表面看，神经症患者是全神贯注于根据他的想象或计划会使情况好转的环境。男患者想，要是他结婚了，要是他有一套更大的公寓房，要是工头换了人，要是有个不同的老婆，那就谢天谢地了！女患者想，要是她是男的，要是自己老点儿或年轻点儿，要是自己高挑一点或没这么高——那就万事大吉了。有时候，排除某种令他们不安的因素确实会给他们带来帮助。不过，更常见的是，这种希望只是外化了他们内心的困扰，并注定会让他们失望。神经症患者期待外部的改变给他一个好世界，但必定会把他自己连同神经症一起领进每个新的环境。

把希望寄托于外界，在年轻人当中自然较为常见；对小年轻进行精神分析不如人们想象的那么简单，这就是一个原因。随着年岁增长，人们的希望一个接一个破碎了，他们才比较愿意好好观察一下自己，看看自己可不可能是不幸的源头。

哪怕在总体上的绝望处于下意识状态的时候，其存在与力量也能从患者的各种症状中推断出来。患者的生活履历可能会有一些片段显示出患者对失望做出的反应，在强度上与持续时间上远远超过了他所受刺激的强度。所以，从他身上会看到明显的彻头彻尾的绝望，是由青春期得不到回应的爱情、朋友的背叛、不公平的解雇、考试不及格所造成的。自然，你首先会试着去深入了解究竟有什么特定的原因会导致如此严重的反应。可是，除了特定的原因之外，通常还会看到这种不幸的体验抽干了一口更深的绝望之井。同样，不论带不带情感，对死亡的专注与动不动就想自杀，会导致弥漫性的绝望，但患者有时还表现出乐观的假象。不论是在分析处境之中还是在其之外，患者总是言行轻浮，拒绝认真对待任何事情，是绝望的另一个标志，就如同面对困难时容易气馁一样。弗洛伊德定义为负面治疗反应的许多表现都属于此类。一种新的领悟，虽然可能是痛苦的，却提供了一条新的出路，但在绝望的患者身上却只会导致沮丧，使他们不愿经历再次为新问题所煎熬的艰难历程。有时候这看上去好像是患者不信任自己能够克服特定的困难；但实际上这表现了他对从中获益不抱指望。在这些情况下，患者抱怨某种领悟对他有害并威胁到他，完全是符合逻辑的，而他厌恶被分析所困扰也是符合逻辑的。专注于预见与预言未来也是绝望的征兆。表面上，这仿佛是患者对于整个生活、对于无意识的暴露、对于犯错所感到的焦虑，但你仍然会观察到，在这种情况下对前景的展望一定会带有悲观色调。如同希腊神话中预言祸事而无人相信的女神卡桑德拉一样，许多神经症患者预见的主要是坏事，很少预见好事。看到患者如此聚焦于生活的阴暗面而非光明面，你应该怀疑他有深度的个人绝望，无论患者多么聪敏地为它找到了理由。最后一种绝望是慢性抑郁症，它会藏得很深很隐蔽，不会给人留下抑郁的印象。经受这种折磨的人可能表现得相当正常。他们能过愉快的生活，有一段好时光，但是他们每天上午可能要花几个小时才能振作起来，恢复活力，然后再次去忍受生活。生活是如此恒久的负担，以至于他们并未感到沉重，也不就此抱怨。但他们的精神长期处于低潮。

虽然绝望的源头总是无意识的，但绝望感本身却是相当有意识的。患者可能会有弥漫性的厄运感。或者他会对生活总体上采取逆来顺受的态度，不指望有好事发生，只觉得生活是必须忍受的煎熬。或者他会以哲学语言表达感受，其实他的意思是生活本质上是可悲的，只有傻瓜才会欺骗自己，说人类的宿命可以改变。

在最初的面谈中，分析师对患者的绝望可能已经有了印象。患者不愿做最小的牺牲，不愿经历哪怕是最小的麻烦，不愿承担最小的风险。这时他可能表现得过于任性。但事实是，当他并不指望从牺牲中得到什么的时候，他看不出有什么紧迫的理由要做出牺牲。在他没有参与分析治疗时，也能看到他有类似的态度。患者停留在完全不满意的处境里，其实只要付出一点点的努力，拿出一点点主动性，就能够改善处境。但是患者可能因绝望而陷入了彻底的麻木，以至于普通的困难在他看来都是不可逾越的障碍。

有时候，一个偶然的评论会使患者的绝望露出马脚。分析师只要说某个问题尚未解决，需要再做些努力来解决问题，患者便会回答说："你不觉得这没什么指望吗？"当他察觉到了自己的绝望时，他通常不会让自己来承担责任。他可能会将之归因于各种外部因素，范围很广，从他的工作或婚姻直到政治形势。但他的绝望并不是某种具体的或短暂的环境因素造成的。他觉得没有希望改变自己的生活，没有希望过得幸福或自由。他觉得自己被排除在能使自己的生活变得有意义的一切之外了。

或许索伦·克尔凯郭尔已经给出了最深刻的答案。在《致死的疾病》[1]中他说所有的绝望从根本上说都是无望于做我们自己。历来的哲学家都强调做我们自己具有关键的意义，强调伴

---

[1]　索伦·克尔凯郭尔，上引书。

随着同气无法相求的感觉而产生的绝望。这便是禅宗佛教著作的核心理论。在现代作者中我只引用约翰·麦克姆雷[①]的一句话："我们的生存还有什么比做我们自己具有更充分、更彻底的意义？"

绝望是未解决冲突的终极产物，其最深的根子在于患者无望于一心一意而不被分裂。神经症困扰的程度加深导致了这种状况。患者最基本的感觉是如同网中之鸟一般陷入了冲突，看不到使自己脱身的可能性。在这里，患者最大的困扰是，他为了解决问题而做出的所有努力都不仅未能奏效，反而增强了他对自己的疏离。患者反复体验到自己的才华并没有带来成功，不论是由于精力一次又一次被撒向了太多的方面，还是由于在创造性过程中产生的麻烦足以阻止他坚持自己的追求，于是他的绝望增强了。这可能也适用于恋爱、婚姻、友谊，它们相继翻船了。这种反复的失败如同实验室小白鼠的有些体验一样令人沮丧，它们受到训练跳进某个洞口去吃食，但它们跳了一次又一次，都发现洞口被堵住了。

此外，还有实际上完全无望于成功的事业，即无法达到理想化形象的标准。很难说这究竟是不是造成绝望的最大因素。但毫无疑问的是，通过精神分析，当患者察觉到他远非自己在

---

① 约翰·麦克姆雷，《理性与情感》，阿普尔顿－森楚里，1938 年。

想象中看到的那个独一无二的完美者时，他的绝望就会充分表现出来。他在这时感到绝望，不仅仅因为他永远也无望于达到那些不切实际的高度，而且更因为他以严重的自卑回应这种意识。这使他不指望有什么收获，不论在爱情中还是在工作中。

最后一个促成绝望的因素是导致患者把重心从自己内心移开，并使他在自己的生活中不再充当原动力的所有变化。这一切的后果是他失去了自信，失去了对他作为一个人取得发展的信心；他容易自暴自弃，这种态度尽管可能没引起注意，却会造成足以被称为"精神死亡"的严重后果。正如克尔凯郭尔 ①所说："但尽管有（他的绝望）这种情况……他仍然可能……完全有能力活下去，作为一个男人，至少表面上如此，拿短暂的东西充实自己，结婚，生子，赢得荣誉与尊重——或许没人注意到，在比较深层的意义上，他缺乏自我。对于这样的事情，世人不会大惊小怪；因为自我这种东西是世人最不会过问的，而世间诸般事情，都不如你让别人注意到你拥有自我来得更危险。而最大的危险，即一个人失去自我的危险，可能悄无声息地进行，仿佛什么也没发生；而每一种其他的损失，失去一只胳膊，失去一条腿，失去五美元，失去妻子等等，肯定都会被注意到。"

---

① 索伦·克尔凯郭尔，上引书。

根据我在管理工作中的经验，我知道分析师往往没有清楚地设想到患者会有绝望的问题，因此也不会恰当地进行处置。我的一些同事承认患者有绝望，却没把它当回事，结果被患者的绝望弄得手足无措，以至于他们自己都绝望了。这种态度对分析师而言当然是致命的，因为无论技术多么高超，无论多么勇往直前，他们还是会使患者感到分析师实际上已经把自己放弃了。这一点在分析处境之外同样适用。如果我们不相信同伴会发挥他自己的潜能，我们就不可能成为有利于他上进的朋友或伙伴。

　　有时候，我的同事所犯的错误刚好相反，即对患者的绝望不够认真。他们觉得患者需要鼓励，于是给予了鼓励，这是值得称道的，但还有些粗枝大叶。当这种情况发生时，患者哪怕是对分析师的好意心怀感激，也会认为自己不喜欢他是相当有道理的，因为他在内心深处知道他的绝望不只是能被出自善意的鼓励所驱散的心情。

　　为了握住牛角捉住牛并直接处理问题，必须首先根据以上列举的间接迹象来识别患者的绝望，以及绝望的程度。然后必须明白其绝望是内心的纠结引起的。分析师必须意识到：只要现状继续下去，并且患者认为现状是无可改变的，他的处境就没有希望。并且他要将这一点明白地告诉患者。为了全盘说明这个问题，为方便起见，我借用契科夫《樱桃园》中的一个场景。那个面临破产的家庭，一想到要离开他们那有着可爱的樱桃园的农庄，就会感到绝望。一个见多识广的人提出下面这个好建议：他们在庄园的某处建造小房子出租。以这家人守旧的观念来看，他们无法赞同这样的计划，而且由于没有其他的解决办法，他们仍旧没有希望。他们仿佛没有听到这个建议，无助地询问：难道就没人能够给他们忠告并帮他们一把？如果他们的顾问是个优秀的分析师，他会说："处境固然困难，但使它没有希望的是你们自己对它的态度。如果你们能考虑改变你们对生活的诉求，那就没有必要感到绝望了。"

相信患者能够真正地改变，从根本上意味着相信他能真正解决他的冲突，这个信心是决定性的因素，决定了治疗师敢不敢着手处理问题，如果动手的话有没有合理的成功机会。就在这里，我与弗洛伊德的分歧判然凸显。弗洛伊德的心理学，以及其建立于其上的哲学，本质上是悲观的。这在他对人类前景的展望中，[①] 在他对治疗的态度中，都能清楚地看出来。[②] 在其理论前提的基础上，他没法做到不悲观。他认为，人是受本能驱使的，而本能充其量只会通过"升华"而得到改良。他那追求满足的本能冲动必然会在社会上遭到挫折。他的"自我"如

① 西格蒙德·弗洛伊德，《文明及其不满》，国际精神分析藏书，第十七卷，雷奥纳多与弗吉尼亚·伍尔夫，1930 年。

② 西格蒙德·弗洛伊德，《有期限与无期限分析》，国际精神分析杂志，1937 年。

随风之柳，被扔来扔去，一会儿被抛向本能的冲动，一会儿被抛向"超我"，而自我本身只能得到改良。超我的主要性质是阻挠与破坏。真正的理想并不存在。自我实现的愿望是"自恋"。人生来就是破坏性的，"死亡本能"强迫他要么毁灭他人，要么自己受苦。所有这些理论没有为对于改变的积极态度留下多少空间，限制了弗洛伊德开创的、同时可能是很棒的疗法所具有的价值。相比之下，我认为神经症的强迫性倾向不是本能的，而是来源于受到困扰的人际关系；我相信它们在人际关系得到改善时是可以改变的，我相信来源于此的冲突能够真正得到解决。这并不是说以我所倡导的原则为基础的疗法没有局限性。在我们能够清楚地界定这些局限性之前，还有许多工作要做。但这确实意味着我们有充足的理由相信根本的变化是可能发生的。

那么，识别并着手处理患者的绝望为什么如此重要呢？首先，这种方法在处理抑郁和自杀倾向这类重要问题时是有价值的。不错，单靠找到患者当时已陷入其中的特定冲突，我们就能够消除他的抑郁，而不会触及其总体上的绝望。但是，如果我们想要防止再发性抑郁，就必须对绝望进行处理，因为它是抑郁由之产生的较深源头。如果你不涉足这个原始源头，你就无法对付隐藏的慢性抑郁。

对自杀的情况而言，这同样是真确的。我们知道，强烈的绝望、挑战和报复心这些因素会带来自杀的冲动；但是在这种冲动显现之后再去阻止自杀往往为时已晚。只要稍稍关注一下较不显著的绝望征兆并在合适的时候跟患者一起处理问题，许多自杀都是可以避免的。

更具有普遍意义的是，患者的绝望对治愈严重神经症构成了障碍。弗洛伊德倾向于把妨碍患者进步的一切都称为"阻抗"。但我们很难以这种角度来看待绝望。在分析中我们必须处理阻力与推力、阻抗与动力的对抗。"阻抗"是对在患者内心起作用以维持现状的所有力量的统称。另一方面，他的动力是由推动他朝内心自由前进的建设性能量所产生的。这是我们的工作所凭借的动力，没有它我们什么也干不了。它是帮助患者克服阻力的力量。它使患者的联想富有成效，从而给了分析师一个机会去加深对他的了解。它给患者的内心充实力量，使他能够忍受成长过程中不可避免的痛苦。它使患者甘愿承担风险，放弃一直给予他安全感的态度，并一跃而进入对自己和他人的未知的新态度。分析师无法拽着患者完成这个变化；患者本人想要这么做才行得通。正是这种非常宝贵的力量，被患者绝望的症状麻痹了。如果分析师未能识别这种力量并加以疏导，他便失去了在对付患者神经症的战斗中最好的盟友。

患者的绝望不是某种简单的解释就能解决的问题。如果患者没有被他认为不可改变的厄运感所吞没，而是开始承认绝望是最终可以得到解决的问题，那就已经取得了重大的进展。这一步解放了他，使他能够迈步前行。当然会有起伏。如果患者得到了某种有益的领悟，他会变得乐观，甚至过于乐观。一旦他接近了某个更加令人苦恼的开悟，他会马上屈服于自己的绝望。每一次事情都得从头来过。但是，当患者认识到他能够真正改变的时候，绝望对患者的钳制就会放松了。他的动力会相应地增长。在精神分析伊始，它可能是有限的，局限于简单的愿望，想要摆脱最令他烦恼的症状。但随着患者对其枷锁的察觉逐渐清晰，随着他尝到了自由的滋味，他的动力便会越来越强大。

第十二章　施虐狂倾向

为神经症绝望所控制的人会设法"坚持"走某条道路。如果他们的创造性能力还没有受到神经症太大的损害，他们也许能够合理而自觉地把力量投入其个人生活的状态中，并集中到他们能够富有成效的领域里。他们也许会投身于某种社会活动或宗教活动，或者参与某个机构的工作。他们的工作也许是有益的；他们虽然缺乏热情，但他们并无私活要干，于是优势压倒了劣势。

其他人，在使自己适应其特定的生活方式时，可能不会再对它提出质疑，但也不会给它附加太多的意义，只是试图履行义务。约翰·马昆德在《时间太少》中描述了这种生活。

我认为，这就是埃利希·弗洛姆 [①] 描述为"匮乏"症的那种状态，与神经症形成对照。不过，我将之解释为神经症过程的产物。

另一方面，他们可能放弃所有认真的或有希望的追求，转向生活的边缘，试图从中攫取一些娱乐，在业余爱好或美食、欢饮、小打小闹的性交易之类的即兴娱乐中找到自己的兴趣。或者他们也许会放任自流并变坏，让自己垮掉。他们不能从事稳定的工作，他们开始酗酒、赌博、嫖娼。查尔斯·杰克逊在《失落的周末》中描述的酗酒型就是这种状态的晚期症状。在这方面，考察一下患者下意识的自甘堕落究竟是不是从精神上助长了肺结核与癌症之类的慢性疾病，也许是有趣的事情。

最后，没有希望的人可能变得具有破坏性，但同时又会努力通过代偿性的生活得到补偿。在我看来，这就是施虐狂倾向的意义。

由于弗洛伊德将施虐狂倾向视为人的本能，精神分析的关注点一直主要集中于所谓的施虐狂变态。分析师虽未忽略日常人际关系中的施虐狂模式，却未对之做出严格的定义。任何观点明确或积极进取的行为都被认为是本能施虐狂倾向的变形或

---

① 埃利希·弗洛姆，《神经症的非个人与社会起源》，载于《美国社会学评论》，1944 年第四号第九卷。

升华。例如，弗洛伊德把争夺权力当成这样的升华。的确，为权力奋斗可能使人具有施虐倾向；但是，如果有人将生活看成一场人人都在各自为战的战斗，那么追逐权力仅能代表为生存而战。实际上，它根本未必是神经症的。如此难以鉴别的结果是，我们既没有全景式地看到施虐狂态度可能采取的各种形态，也没有任何标准来判定施虐狂究竟是什么。我们为个人的直觉留下了够多的余地，让它来判断可以把什么或不可以把什么准确地称为施虐狂——这种局面很难有益于透彻的观察。

光是伤害他人的行为本身并不是施虐狂倾向的标志。如果一个人参与了个人的或一般性质的争斗，在争斗过程中他可能必须不但伤害对手而且还必须伤害同伙。对他人的敌意也可能只是出于自卫。一个人可能觉得自己受了伤害或者吓坏了，想要反击，虽然在力量的运用上可能反应过度了，在主观上却认为是以牙还牙。不过，在这点上他容易误导自己：太多的时候声称自己是正当防卫，实际上却是施虐狂倾向在作祟。但是，我们难以把两者区别开来，并不意味着回应性的敌意是不存在的。最后，还有觉得自己是在为生存而战的攻击型患者所使用的那些进攻战术。这些都是人的好斗性，但我不会把其中的任何一种称为施虐狂；在这个过程中，当事人可能伤害他人，但这种伤害或破坏是不可避免的副产品，而非当事人的主要意图。简单地说，尽管这里谈及的各种行为都是攻击性的，甚或是怀有敌意的，它们却并非以卑鄙的用心犯下的罪行。在这里，当事人并没有从对别人的伤害中得到有意识或无意识的满足。

为了对比，让我们考察一下某些典型的施虐狂态度。有些人不加掩饰地表现出对他人的施虐狂倾向，从他们身上可以观察到这些态度，不论他们本身是否察觉自己具有施虐狂倾向。在下文中，当我提到施虐狂患者的时候，我是指对他人的态度为施虐狂倾向占主导地位的人。

这样的人可能想要奴役他人，或者尤其想要奴役伴侣。他的"受害者"必须是一位超人的奴隶，一个不仅没有自己的愿望、感情或主动性而且对主人没有任何诉求的人。这种倾向可能对受害者进行塑造或教育，如同《卖花女》中的希金斯教授塑造伊莱莎。这充其量会在一些方面具有建设性，如同父母塑造孩子，或教师教育学生。性关系中偶尔会有这种态度，尤其是当施虐狂比其配偶较为成熟的时候。它有时也会显著地表现在老少配的男子同性恋关系中。但即便在这种关系中，如果奴隶流露出要自行其路、自交其友或自寻志趣的意图时，那么魔鬼也会崭露头角。虽然并非一定如此，但主人往往会沉溺于占有性的妒忌之中而不能自拔，并将之用作折磨"奴隶"的刑具。尤其是对于这类施虐狂关系来说，控制住"受害者"比患者自己的生活对他更具有引人入胜的趣味。他会忽略自己的事业，放弃交友的乐趣与益处，而不愿放任配偶的独立。

将伴侣挟持为奴隶的方法具有各种特点。它们之间的差异只存在于比较有限的范围内，并且取决于伴侣双方的性格构造。施虐者给予伴侣的东西，足以使伴侣觉得他们的关系值得自己付出。他会满足伴侣的某些需求，不过就伴侣的精神生活而言，很少超过其最低限度需求的贫困生存线。他会让同伴认为他给予的东西是独一无二的，因而心存感激。他会向伴侣指出，此外没有人能够给予如此多的理解，如此大的支持，如此大的性满足或如此多的情趣；他会说："真的，除了我没有人会容忍你！"还有，他可能会含蓄地或明确地用更美好的未来做诱饵稳住伴侣，他会许诺不渝的爱情或婚姻，许诺更好的经济条件或更好的待遇。有时候他会对伴侣强调"少了你我没法过日子"，以此为理由来感动伴侣。所有这些策略，由于他占有欲那么强，那么贬低别人，不让伴侣接触他人，就会更加有效了。如果伴侣经过他的塑造，对他有了足够的依赖性，施虐者的撒手锏可能是威胁要离开伴侣。他还可能会使用更多的恫吓手段，但这些手段自有其强大的生命力，我们将在别处对之进行讨论。自然，如果不考虑伴侣的性格特征，我们便无法了解在这样一种关系中发生的事情。伴侣往往属于服从型，因此害怕离弃；或者他们是深深压抑自己的施虐狂冲动并因此而感到无助的人，如同我们稍后将会展示的一样。

从这种关系中产生的相互依赖不仅会在被奴役者而且也会

在奴役者心里唤起不满。如果奴役者对超脱的欲求变得明显了，对于伴侣吸引了他如此之多的心思与精力，他会尤其感到不满。他没意识到正是他自己把伴侣捆绑得死死的，反而责备伴侣抓着他或黏着他不放。在这种场合，与伴侣决裂的愿望既表达了他的恐惧与不满，也是恫吓伴侣的手段。

并非所有的施虐狂都渴望奴役别人。另外有一种渴望，是如同玩弄乐器一样玩弄别人的情感。索伦·克尔凯郭尔在其小说《引诱者日记》中表明了一个对自己的生活毫无指望的人会沉迷于这个游戏。他懂得应在何时表明兴趣，应在何时变得冷漠。他在预期与观察女孩对他的反应时具有很高的灵敏度。他懂得如何唤起和抑制女孩的情欲。但他的敏感局限于满足这种虐待狂游戏的需要：他毫不关心他的行为对女孩的生活会有什么影响。在克尔凯郭尔小说的描述中，有意识的精明算计在大多数情况下是在无意识中进行的。但游戏的性质没有变：吸引与拒绝，让人着迷与令人失望，吹捧与贬低，带来快乐与提供悲哀。

施虐狂的第三种渴望是利用伴侣。利用他人未必都是施虐者的企图；仅仅为了受益也会利用他人。施虐狂利用伴侣，也包含打算获益的成分，但它往往是虚幻的，而且跟他在追求好处中投入的情感相比，根本是得不偿失。对于施虐狂而言，利用伴侣是天然的热情。关键是他体验到了占别人便宜的成就感。

其特有的施虐狂色彩，表现在为了利用伴侣而采用的手段上。他直接或间接地向伴侣提出越来越高的要求，如果伴侣未能满足他的要求，他就逼得伴侣问心有愧，或感到耻辱。施虐狂总能找到正当理由来感到不满，或自认为受了不公正待遇，并借此提出更高的要求。易卜生的《海达·高布乐》描述了满足这种要求永远不可能唤起感恩，致使施虐狂提出这些要求的，往往是伤害他人并不让其逾越本分的欲望。这些要求可能涉及物质需求或性需求或立业所需的援助；可能是要求得到特殊关注、忠贞不渝、逆来顺受。其内容中并无什么是施虐狂所特有的；与施虐狂有关的是指望伴侣尽一切可能来填充其情感空虚的生活。对于这种情况的精彩描述，可见于海达·高布乐不断抱怨生活无聊、想要刺激与兴奋的情节中。这种像吸血鬼一样想要以伴侣的情感活力为食粮的欲望，通常是完全下意识的。但这种欲望也有可能是施虐狂渴望利用伴侣的原因，也是让患者所提的要求能够吸取营养的土壤。

在我们认识到施虐狂同时还有挫败他人的倾向时，利用伴侣的性质就变得更加清楚了。如果说施虐狂从未想要给予，那就误会他了。在某些情况下，他甚至可能出手大方。施虐狂最典型的特点不是"拒绝给予"这种意义上的吝啬，而是在无意识中具有比较积极地阻挠他人的冲动——让他人失去快乐、使他人的期盼落空。但凡伴侣得到了满足，或者从低落中浮了起来，几乎都会激怒施虐狂，使他无法遏制自身的怒气，促使他以某种方式进行破坏。如果伴侣想见他，他会冷漠相待。如果伴侣想要性交，他会变得性冷淡或性无能。他甚至可能不想去做或做不了一点点有意义的事情。他只会用阴郁来笼罩伴侣，他的行为如同镇静剂。用奥尔德斯·赫胥黎[1]的话来说："他什么也不用干，对他而言只要存在就够了。他们只要跟他沾点儿边就萎缩、变黑了。"稍后又写道："这是修整得多么精致的权力意志，这是多么优雅的残酷！那种会传染的忧郁有着多么神奇的天赋，它甚至会令最高昂的情绪变得沮丧，会令你没有了得到欢愉的可能。"

和上述所有态度同样重要的是施虐狂患者贬低与羞辱他人的倾向。他格外敏锐地在别人身上看到缺陷，找到弱点，并将其指出。他凭直觉就能了解他人何处敏感，何处容易受伤。他动辄凭借其直觉不留情面地对他人进行贬损性的批评。他会将自己的行为合理化为坦诚对人，或乐于助人；他会自以为是真正因为怀疑别人的能力与正直而担忧，但如果其怀疑的诚挚性遭到质疑，他便会恐慌起来。这种倾向也可能表现为纯粹的多疑。患者可能会说："要是我能信任那人就好了！"但是，他已在梦中把那人变化成了小到蟑螂、大到老鼠之类的一切恶心的

---

[1] 奥尔德斯·赫胥黎，《时间得停顿一会儿》，哈珀兄弟公司，1944 年。

东西，这时怎么还能指望他能信任那个人！换言之，多疑可能只是他在心中贬低他人的结果。如果施虐狂患者没有察觉自己贬低他人的态度，他可能只意识到了这种态度造成的多疑。在这里，我们又看到，"热衷于挑毛病"的提法似乎比"倾向"这种简单的提法更加贴切。他不仅将其探照灯转向了别人实际上的缺陷，而且极端娴熟于外化他自己的缺陷，并由此而针对他盯上的那个家伙立案。例如，如果他做了某种事情弄得某人心烦，他会立即表示关心，或甚至鄙视此人不够稳重。如果伴侣即便受到他的恫吓也没有向他完全坦白，他会责怪伴侣向他保密或撒谎。当他自己尽其所能弄得伴侣离不开他的时候，他会责怪伴侣对他过于依赖。这种贬损不只是言语上的，还会伴随有各种嘲讽挖苦的行为。在性行为中羞辱伴侣使之丢脸可能是其表达方式之一。

当这些强迫性冲动有一种受挫时，或者风水轮流转，施虐狂患者觉得自己被控制了、被利用了或被嘲笑了，他会发作一阵阵怒气，几近疯狂。这时候，在他的想象中，给冒犯者施加任何折磨都不足以解恨：他要对冒犯者拳打脚踢，甚至将之切成碎片。这种阵发性的施虐狂愤怒也可能反过来被他压抑下去，引起强烈恐慌的状态，或某种功能性的身体障碍，这表明其内心的紧张加剧了。

那么，这些倾向的意义是什么呢？迫使患者行为如此残酷的内心需求是什么？关于施虐狂倾向是变态性冲动表现的假设并无事实的根据。诚然，施虐狂倾向可以在性行为中表现出来。就一般法则而言，它们在这方面不是例外，这个法则是：我们所有的性格态度注定会在性领域内表现出来，如同它们会流露于我们的工作方式、步态与笔迹中一样。又诚然，许多施虐狂追求在进行中表现出了某种兴奋，或者，如同我反复讲过的，带有非常有趣的热情。不过，由此而得出结论说，这些激动或兴奋的影响具有性欲的性质，哪怕当事人并未感到它是性欲，那么我们的依据只是这样一个前提，即一切兴奋都是性兴奋。但是没有证据支持这样的前提。从现象学上来看，施虐狂激动与性放纵这两种感觉在性质上是完全不同的。

有人断言施虐狂冲动是婴儿期施虐倾向的延续，这个看法具有一定的吸引力，因为幼儿往往残忍对待动物或更小的孩子，并明显从中得到了刺激。由于这种表面的相似性，有人会说成人的施虐倾向只是把儿童的初级残忍提纯了。但实际上它不仅是被提纯了：成年施虐狂者的残忍是不同种类的倾向。我们已经看到，它具有儿童外向型残忍中所缺乏的明确特征。儿童的残忍似乎是在感到压抑或耻辱时做出的比较简单的回应。他通过对弱者实施报复来维护自己。癖好性的施虐狂倾向是更为复杂的，并且有着更复杂的根源。此外，如同将成人的癖好与其早年经历联系起来对它进行解释的种种企图一样，这种企图也会留下一个最重要的问题未予解答：导致这种残忍具有持久性与复杂性的因素是什么？

上面我提到了一些假设，其中每个假设都只把握住了施虐狂的单个层面，一种情况是把握了性欲，另一种情况是把握了残忍，但都未能对这些特征做出一点点的解释。对于埃利希·弗洛姆提出的解释，我们也可以这么说，①虽然它比其他解释更加接近本质。弗洛姆指出，施虐狂者并不想毁灭他自己依附的那个人，但由于他无法活出自己的人生，他必须利用伴侣来实行共生性的生存。这个观点肯定是正确的，但它仍然未能充分解释为什么一个人会被逼迫着去干预别人的生活，或为什么他所施加的干预采取了那种特定的方式。

如果我们把施虐狂视为一种神经症症状，我们就必须一如往常，首先不去试图解释症状，而是尽力了解引起这种症状的人格构造。当我们从这个角度探讨问题时，我们就会认识到，每一个形成了显著施虐狂倾向的人都会对自己的生活产生严重的无益感。在我们运用鼓励性的临床观察将这种隐蔽的症状挖掘出来之前，诗人们早就凭直觉感到了它的存在。在海达·高布乐与其引诱者的情况中，让他们自己及其生活取得成功大约

---

① 埃利希·弗洛姆，《逃离自由》，法尔拉与莱恩哈特，1941 年。

是不可能的了。在这种情况下，如果一个人无法找到退路，他必然会极度怨恨。他会觉得永远遭到排斥，永远吃败仗。

于是他开始憎恨生活及生活中所有的积极因素。但是对生活的仇恨伴随有渴求而无所得的强烈妒忌。这种妒忌是苦涩的、愤愤不平的，觉得生活抛弃了自己。尼采称之为"嫉恨生活"。这种人不会觉得人人都有各自的悲哀："他们"坐在餐桌旁，而他却在挨饿；"他们"爱着、创造着、享受着、觉得健康、自由自在、身有所属。他人的幸福及其对欢喜快乐的"天真"期待惹恼了他。如果他不能幸福与自由，为什么他们能够？用陀思妥耶夫斯基的"白痴"的话来说，他因他们的幸福而无法宽恕他们。他必须蹂躏别人的快乐。有个被肺结核宣判了死刑的教员，他的故事说明了他的态度。他朝学生的三明治上吐口水，并为他拥有欺负学生的权力而得意。这是有意识的忌恨行为。在施虐狂患者身上，从精神上挫败与压垮别人的倾向通常是深度无意识的。但其目的和那位教员的目的是同样险恶的：要把自己的痛苦强加给别人；如果别人和他一样被打败了、被贬低了，他自己的痛苦就缓和了，因为他不再觉得自己是唯一遭受折磨的人。

为了减轻其撕心裂肺般痛苦的忌恨，患者还会采取另一个办法，即"酸葡萄"策略。患者将这种策略运用得不露形迹，就连训练有素的观察者也容易被他瞒过。事实上，他的忌恨埋藏得太深，当有人暗示他心怀忌恨时，他会嗤之以鼻。所以，他专注于生活中痛苦、繁重、丑陋的一面，不仅表现了他心中之苦，而且更多地表现了他乐于向自己证明他能明察秋毫。他不断挑别人的毛病，贬低他人，部分就是因为这一点。例如，他会留意到一位美女的某个部位并不完美。走进一个房间时，他的目光会被与整体不搭调的一种色彩或一件家具所吸引。他会在整体上很出色的演讲中挑出瑕疵。同样，别人的生活中、性格中或其动机中但凡有什么不对头，在他看来都是严重的问题。如果他老于世故，他会将这种态度归因于他对不完美的敏感。但事实是他只把探照灯打在这些缺点上，让其余一切留在黑暗中。

尽管他成功地平息了他的妒忌，放下了他的怨恨，他处处贬低别人的态度反过来又会导致持续不断的失望与不满。例如，如果他有孩子，他首先想到的是随之而来的负担与义务；如果他没有孩子，他会觉得自己错过了最重要的人生体验。如果他没有性关系，他会觉得被剥夺了什么，并会去关心禁欲的风险；如果他有性关系，他会觉得可耻，并为之羞愧。如果他有机会去旅行，他会为种种麻烦而烦恼；如果他无法去旅行，他又觉得不得不留在家里很没面子。由于他没有料到其长期不满的源头就在他自己身上，他觉得有权让别人知道他们负他太深，并提出越来越高的要求，而他们完成的事情永远无法令他满足。

苦涩的忌恨，贬低他人的倾向，以及它们造成的患者愤愤不平的后果，在一定程度上解释了某些施虐狂倾向。我们明白了为什么施虐狂者被迫去挫败他人，去给予痛苦，去吹毛求疵，去提出无法得到满足的要求。但是，只有当我们考察其绝望对他与自己的关系起了什么作用的时候，我们才能够了解其造成了多大的破坏，才能理解患者自大性的自以为是。

　　虽然患者违背了人类体面最基本的要求，但他心里同时又在维护一种在道德方面高标准严要求的理想化形象。他是（我们前面已经谈到的）那类人当中的一员，他们由于无望于达到这种标准，有意识或无意识地自甘"堕落"。他可能成功地"堕落"了，并以绝望的快感沉迷于其中。但在他这么做的时候，理想化形象与实际自我之间的裂缝变得无可逾越了。他觉得自己无可救药、不可原谅。他的绝望变得更深，他形成了一无所有的人破罐子破摔的态度。只要这种状态持续下去，他就绝不可能对自己采取积极乐观的态度了。如果分析师为了使患者积极向上，做出单刀直入的努力，注定是徒劳无功的，而且表明分析师对患者状况的无知。

　　患者的自我憎恶相当强烈，致使他无法正视自己。他不得不鼓励自己抗拒对自己的憎恶，他采用的方法是强化已经穿在身上的自以为是的甲胄。一点点批评、忽视或得不到特殊的认可，都会刺激他的自卑感，所以他必须将这些当成不公平待遇加以拒绝。因此，他被迫去外化其自卑，去责怪、痛斥、羞辱他人。然而，这将他扔进了恶性循环的罗网。他越是鄙视他人，就越不能察觉自己的自卑，而自卑就变得越加强烈；越加无情，而他就变得越加绝望。这时候，奋起反对他人便成了自卫。这个过程已在前面举例说明，即有一位女性患者责怪其丈夫优柔寡断，而当她意识到她其实是对自己的优柔寡断生气时，她恨不得把自己撕成碎片。

如此一来，我们便开始了解到为什么施虐狂者不可避免要非难他人。我们现在也可以看出其强迫性的而且往往是狂热地要改造别人或至少改造其伴侣的冲动所具有的内在逻辑。由于他自己无法达到其理想化形象的标准，他要求其伴侣必须达到；但凡伴侣有哪点没做到，他便将对自己的无情愤怒发泄到伴侣身上。他有时候可能会自问："我干吗不丢下他不管呢？"但很显然，只要内心的冲突还在继续并被外化，这种理智的想法就是不管用的。他通常将他施加给伴侣的压力合理化为"爱"或关心伴侣的"发展"。不用说，这不是爱。但它也不是关心伴侣遵循其内心的意愿及规律去发展。实际上他是试图把实现他的即施虐狂者的理想化形象这个不可能完成的任务强加到伴侣的头上。他不得不形成自以为是的态度，用作抵御自卑的盾牌，这使他在对伴侣施压时还觉得自己是在干大大的好事。

对这种内心冲突的了解也使我们更清楚地看到了施虐狂症状固有的另一个更常见的因素：往往如同毒药一般渗入了施虐狂者每个细胞的报复心。他有报复心，并且必然会有，因为他把其强烈的自卑转向了外部。由于他的自以为是使他无法明白自己对出现的所有困境都应承担一份责任，他一定会觉得自己是被虐待、被牺牲的一方；由于他无法看到一切绝望的源头就是自身，他一定会让别人来对此负责。他们毁了他的生活，他们必须为此给他补偿，他们必须承担降临到他们头上的后果。正是这种报复心，比其他任何因素都要厉害，杀死了他心里的所有同情与仁慈。他干吗要同情那些毁了他生活的人呢？何况他们过得比他好？在个别瞬间报复的欲望可能是有意识的；他可能察觉到这种欲望了，例如在关系到其父母的时候。不过，他并不知道这是一种弥漫性的倾向。

就我们到此为止所看到的而言，施虐狂者是这么一个人，由于认为自己遭到排斥并在劫难逃，于是乱砍乱杀，以盲目的怨恨迁怒于他人。我们现在明白了，他要让他人陷入悲惨之境，以此来减轻自己的痛苦。但这还构不成完整的解释。只看到破坏性的层面，还不能解释为什么施虐狂的那么多追求都具有狂热的特征。一定会有某种更有吸引力的好处，对于施虐狂者具有关键意义的好处，才会引得他去狂热地追求。这种说法，与

"施虐狂是绝望副产品"的假设似乎是矛盾的。绝望的人怎么会指望什么并去追求它呢？更重要的是，他的追求还有如此强烈的能量？然而，事实是，施虐者主观上认为，他的确可以得到相当可观的好处。在贬低他人时，他不仅缓和了他那不堪忍受的自卑，而且同时赋予自己一种优越感。当他塑造别人的生活时，他不仅获得了对别人行使权力的刺激感，而且为自己的生活找到了替代的意义。当他在情感上利用他人的时候，他为自己提供了间接体验的情感生活，这会减轻他自己的贫瘠感。当他击败了别人时，他赢得了胜利的欢欣，这掩盖了他自己无法挽回的失败。这种对报复性胜利的渴求或许是他最强烈的动力。

他的所有追求也有助于满足他对激动与兴奋的饥渴。一个健康的、神智健全的人不需要这些刺激。他越是成熟，就越不在乎这些感受。但施虐狂者的情感生活是空虚的。除愤怒与胜利的喜悦之外，几乎所有的情绪都窒息而亡了。他已经麻木不仁，需要这些强烈的刺激来使自己觉得还活着。

最后但不是最不重要的，他以施虐狂的方式对待别人，给他提供了力量感与自豪感，这强化了其下意识的全能感。在分析过程中，患者对其施虐狂倾向的态度会经历深刻的变化。当他最初察觉到这些倾向时，他可能对其采取批评的态度。但是其含蓄的摒弃并非全心全意的；更准确地说，这是他在口头上认可通行的标准。他可能会有阵发性的自我憎恶。但过了一段时间，当他将要放弃其施虐狂生活方式的时候，他可能突然觉得他会失去某件珍宝。这时他可能首次有意识地体验到能够随心所欲对待他人的快感。他可能表示，他担心分析会把他变成可耻的弱者。而且，再一次，如同分析中经常发生的那样，患者的担忧找到了主观上的依据：如果他失去了让别人为自己的情感欲求服务的权力，他会把自己看成可怜而无助的家伙。迟早他会认识到，他从施虐狂状态中获得的力量感与自豪感只是低劣的替代物。他之所以认为这个替代物对他很珍贵，仅仅是因为真正的力量与真正的自豪是他可望而不可即的。

当我们知晓了这些好处的性质时，我们就会明白，"绝望的人也会狂热地追求某种东西"这种说法并无矛盾。但是他期望找到的不是更大的自由或更多的自我实现：构成其绝望的一切因素仍然没变，他也并不指望改变这些因素。他所追求的都是替代物。

情感上的好处是通过间接感受生活得到的。成为施虐狂意味着通过别人来过攻击性的生活，并且其大部分是具有破坏性的。但这是完全失败的人所能拥有的唯一生活方式。他追求目标时的无所顾忌是产生于绝望的无所顾忌。他没什么可失去的，他只可能收获。在这种意义上，施虐狂的奋斗具有一个积极的目标，应当被视为为了获得补偿而做的努力。他如此热情地追求这个目标的原因是，施虐狂者在胜过他人的时候能够消除自己失败的沮丧感。

然而，这些奋斗中固有的破坏性要素只要还在，就不可能对患者本身没有影响。我们已经指出了自卑感的加重。一个同样重要的影响是使患者产生焦虑。这部分是对报复的恐惧：他担心受虐者会以其人之道还治其人之身，或者报复他怀有虐待他们的意图。在患者意识里，与其说是表现为担忧，还不如说是理所当然地认为，他们只要有机会，就会"给我不公正的待遇"——也就是说，他必须以攻为守，随时严加防范。他必须高度警惕，预见到可能对他发起的攻击，先发制人，那么他就不会受到侵犯了。在无意识中对于自己不可侵犯的信念往往会起相当大的作用。这给了他一种高傲的安全感：他绝不可能被伤害，他绝不可能暴露，他绝不可能出意外或得病；甚至，他绝不可能死去。如果他仍然受了伤害，为别人或环境所伤，他那份虚假的安全感被粉碎了，他便会突发强烈的恐慌。

他的焦虑有一部分是担心自己内心的爆发性、破坏性因素。他觉得自己仿佛随身携带着一枚填装了烈性火药的炸弹。他必须有过度的自制与持续的警惕来制止这些危险因素。如果他还没有被吓得不敢借酒浇愁的话，这些危险因素便会在他贪杯时显露出来。这时他可能变得具有暴烈的破坏性。这种冲动

190

在对他具有诱惑性的特定场合下也可能浮现在他的意识里。于是，左拉小说《衣冠禽兽》中的施虐狂在被一个女孩吸引时感到恐慌了，因为这唤起了杀害她的冲动。目击意外事故或任何残忍的行为都会使患者突发恐慌，因为这些情景唤醒了他自己的破坏性冲动。

这两个因素——自卑与焦虑，是压抑施虐狂冲动的主要原因。这种压抑的充分度与深度是变化的。往往破坏性冲动只是处在意识之外的。大体而言，当你得知患者对自己的施虐狂行为几乎一无所知，你一定会很吃惊。患者仅仅意识到，他偶尔会有虐待弱者的欲望，当他读到有关施虐狂行为的描述时会兴奋起来，或者有某些明显的施虐狂幻想。但这些零星的一瞥仍然是孤立的。他在日常生活中对他人所做的大部分事情多半是下意识的。他对自己与他人的情感麻木是使他看不清问题的一个因素；在麻木消除之前，他都无法从情感上体验其所作所为。此外，他用来忍受并隐忍施虐狂倾向的理由往往非常巧妙，足以不仅欺骗施虐狂者本人，甚至还能瞒过那些受其影响的人。我们不能忘记，施虐狂是严重神经症的末期。因此，使用什么样的理由，取决于导致施虐狂倾向的特定的神经症构造。例如，服从型会在无意识假装爱的面具下奴役伴侣。他有什么欲求就会提什么要求。由于他非常无助，或者非常忧虑，或病得很重，所以伴侣应该服侍他。由于他受不了孤独，所以伴侣应该总陪在他身边。他的责怪会直接表达出来，即无意识地抱怨别人使他受了多大的痛苦。

攻击型表达施虐狂倾向是相当不加掩饰的，但这并不意味着他对自己的倾向有更多的知觉。他毫不犹豫地表明他的不满、轻蔑和要求，他不仅觉得自己完全有理，还自以为不过是心直口快而已。他还会外化其对他人的漠不关心，外化他利用他人的事实，并且以毫不含糊的措辞告诉他们，他们对他的虐待是何其之深，以此来进行恫吓。

超脱者在表达虐待狂倾向时不会引人注目。他会以安静的方式挫败他人，他会随时准备撤离，以此使他人产生不安全感，让他们觉得自己在限制他、打扰他，并在让他们出糗的时候偷着乐。

不过，施虐狂冲动也可能遭受比以上所述深得多的压抑，然后导致所谓的"逆转性施虐狂"症状。此处发生的情况是，患者非常害怕自己的冲动，致使他去走相反的极端，不让冲动暴露给自己与他人。他会回避类似于断言、攻击或敌意的一切，其结果是受到严重而广泛的压抑。

一段简要的概述可以使我们明白这个过程牵涉到了什么。从奴役他人走向另一极端，肯定是不能发号施令的，更不用说担任负责人与领导的职务了。他在施加影响或给予忠告时趋向于过分谨慎。这包括把自己最合理的妒忌心也压抑下去。在患者遇到不如意的事情时，就连优秀的观察者也只会注意到他患了头痛、胃病或其他某些症状。

从利用他人走向另一极端会把低调谦逊的倾向推到前台。它的表现是，患者不敢表达任何愿望——甚至不敢拥有愿望；患者不敢反抗虐待或甚至不敢觉得自己受虐了；患者总是将别人的期盼或要求看得比自己的更加有理或更加重要；患者宁愿被别人利用也不愿争取自己的利益。这样的人，是置身于魔鬼与蓝色深海之间，进退两难。他害怕自己会有利用别人的冲动，但又觉得自己的唯唯诺诺是可耻的，因为他把这种谦恭顺从视为懦弱。这时他被人利用是大概率事件，而当他真的被人利用时，他便陷入了进退维谷的境地，并可能以抑郁或某种功能性症状做出反应。

同样，他不会去挫败他人，而是唯恐令他们失望，所以表现得体贴大方。他会全力以赴地避免他所能想到的可能伤害到他们或者会令他们感到羞辱的一切。他会凭直觉去寻找某种将会提高他们自信心的"好"话来说，例如一句赞美之词。他会自动地倾向于把过错的责任揽到自己头上，并毫不吝惜自己的道歉。如果他不得不做个批评，他会尽可能以最委婉的方式提出来。甚至在别人严重虐待他的时候，他也会除了"理解"之外什么也不表示。但在同时他又对羞辱高度敏感，并为之极度痛苦。

施虐狂玩弄别人情感的倾向，在深受压抑时可能让位于吸引不了任何人的感觉。于是患者往往可能罔顾相反的有利证据，真心相信他毫无吸引异性的魅力，相信他只能用面包屑来打发自己。在这种情况下来谈自卑感，不过是使用另一个词汇来称谓已经存在于患者意识中的感觉，以及可能就是表现其自卑的那种态度。但这里关系到一个情况，即没有魅力的想法可能是因为患者不再接受诱惑去玩征服与遗弃的令人激动的游戏。在分析过程中有件事会逐渐变得清晰，即患者已经下意识地涂改了其恋爱关系的全景。一种奇怪的变化发生了："丑小鸭"开始意识到他有吸引人的欲望与能力了，但一旦别人把他的进步当真，他便会转而以愤怒与蔑视来与其反目。

如此产生的人格画像是靠不住的，并且难以评价。它与服从型的相似性非常明显。事实上，虽然公开表露的施虐狂者通常属于攻击型，但逆向性施虐狂通常是由养成主导性服从倾向开始的。很可能是因为他在童年遭受了格外严重的打击，被迫屈服了。他可能已经篡改了真实的情感，而且，非但没有反抗压迫者，反而倒过来爱着他。随着他长大，或许是到了青春期，他终于无法忍受这种冲突，躲到超然的态度中避难。但是，当他面对失败时，他不再能够忍受其象牙塔中的孤寂。这时他貌似恢复了从前的依赖性，但有一个区别：他对得到喜爱的欲求

194

变得极度饥渴，以至于他为了不再无依无靠而愿意付出任何代价。与此同时他寻求喜爱的机会减少了，因为他心里依然存在的对超脱的欲求不断地干扰着他想依附于人的愿望。他在这种挣扎中精疲力竭了，他绝望了，并形成了施虐狂倾向。但他对别人的欲求非常急迫，以至于他既要压制其施虐狂倾向，又要走向相反的极端去隐藏它们。

在这种情形下，与他人共处是一种压力，尽管他可能没有意识到它。他容易拘谨和羞怯。他必须不断地扮演与其施虐狂冲动相反的角色。很自然地，他会自以为他是真正喜欢别人的；当他在分析中认识到他对别人根本就没什么感情，或至少对自己的感情究竟是什么心里没底时，他会感到震惊。此时此刻他容易把这种明显的感情欠缺当成无可改变的事实。但实际上他只是处在放弃其假装对他人感情友好的过程中，并且下意识地宁愿毫无感觉，也不愿意面对其施虐狂冲动。对他人的友好感情只有在他认识了这些冲动并加以克服的时候才会开始形成。

然而，在这幅人格画像中有某些因素，会让训练有素的观察者看到施虐狂倾向的存在。首先，患者总是用一些隐蔽的方式恫吓、利用和挫败他人。患者通常会在无意识中对他人明显表现出轻蔑的态度，他会说这是因为他们的道德标准较低。此外，还有许多态度表现出施虐狂的前后不一致。例如，患者有时候可能以分明是无限度的耐心忍受别人对他施加的施虐狂行为，但在另一些时候却对最轻度的控制、利用或羞辱显示出高度的敏感。最后，他给人的印象是他是个"受虐狂"，也就是说，他沉溺于饱受欺凌的感觉中。但是，由于这个术语和它背后的观念是误导性的，最好还是远离它，而去探讨相关的要素。逆向性施虐狂处处压制着对自我的维护，在任何情况下都会容易遭受虐待。但除此以外，由于他为自己的软弱而生气，他往往实际上会被公开显露的施虐狂者所吸引，既欣赏之又憎恶之，正如后者，在他身上嗅出了甘做牺牲品的气味，也会被他所吸引。于是他让自己有了被人利用、挫败与羞辱的机会。不过，其实他一点也不享受这种虐待，他感受着受虐的痛苦。这给了他一个机会，使他能够通过别人来过自己施虐狂冲动的生活，而无须面对他本身的施虐狂倾向。他可以感到无辜与道德上的愤怒，而同时又希望有一天他会超过其施虐狂伴侣，并且战胜他。

弗洛伊德看到了我描述的这幅画像，但是以没有根据的概括削减了其发现的意义。在将之融入其整个哲学的框架时，他把这些发现当成证据，来证明一个人表面上不论多么好，他骨子里都是天生具有破坏性的。其实这种情况就是某种特定神经症的特定产物。

到此为止，我们已经远离了将施虐狂者视为性变态的观点，远离了用复杂的术语将施虐狂者形容为卑鄙恶毒的观点。

性变态是比较罕见的。当它们出现时，也只是表现了对他人的一种一般态度。不可否认，施虐狂者是具有破坏性倾向的；但是当我们了解这些倾向后，我们看到藏在表面非人道行为背后的是一个痛苦不堪的人。我们用此开启了通过治疗走进此人内心的门径。我们发现他是个绝望的人，正试图从把他整垮的生活中寻求补偿。

结论　神经症冲突的解决办法

　　我们越多地认识到神经症冲突对人格造成的无穷伤害，就越是迫切地想要真正解决这些冲突。然而，我们现在已经看到，无论是理性的决策、逃避还是运用意志力，都无法解决问题。那么如何才能办到呢？只有一个办法：要解决这些冲突，必须改变人格中那些使之能够存在的条件。

　　这是根本的办法，也是艰难的道路。鉴于改变我们自身的任何东西都会涉及种种困难，很好理解的是，我们应该搜索战场以寻找捷径。所以，患者以及其他人经常会问：是不是患者看到了自己的基本冲突就够了？回答很明确：不够。

　　哪怕分析师在分析初期就识别出了患者的分裂处于何种状态，因而能够帮助患者认识这种分裂，这种领悟也不会有立竿见影的效果。它会为患者带来一定程度的缓解，因为患者开始了解其困扰的真实原因，而不是仍然迷失于神秘的迷宫之中；但是，患者还无法将这种认识应用于生活之中。尽管他意识到了相互冲突的各种倾向起了什么样的作用，是如何相互干扰的，但这并不能缓和他的分裂状态。他听到分析师给他讲解这些情况，就如同某人听到一条奇怪的信息；这信息听上去好像是真的，但他不懂得这与自己有何相干。他必定会在无意识中采取多重的保留态度，以证明这信息是站不住脚的。他会在无意识中坚持认为分析师夸大了其冲突的严重性；他会认为，要是没有外部环境的影响，他其实过得挺不错的；爱情或事业有成会解除他的痛苦；他可以远离人群，以避免冲突的发生；诚然，普通人不可能一仆侍奉二主，但他不同，他具有无穷的意志力和智慧，能够设法做到这一点。或者，他会觉得——又是在无意识之中，觉得分析师是个冒充内行的骗子，或者是个好心的傻瓜，装出一副职业所要求的笑脸；他应该了解患者已经病入膏肓，无可救治——这意味着患者以他自己的绝望感来回应分析师的提议。

患者内心的保留表明：要么他会坚持自己为解决问题而做的特定努力，因为对他而言这种努力比冲突本身真实得多；要么他会认为自己根本就无望于痊愈。因此，分析师在能够有效地处理患者的基本冲突之前，必须仔细研究患者所做的努力及其所有的后果。

寻找捷径的做法带来了另一个问题，而弗洛伊德对起源的强调使这个问题显得更为重要：对这些相互冲突的冲动一旦有了认识，便去探索它们的起源与在患者童年处境中的早期表现，是不是就足够了？回答又是：不够。理由大致同上。患者对其早期经历的回忆，哪怕详尽无遗，所能给予他的也不多，除了使他对自己采取较为宽容、较为谅解的态度，剩下的好处就微乎其微了。这绝不会使他现存的冲突对他少一丁点儿干扰。

全面了解早年环境的影响以及它给小孩性格带来的改变，虽然在直接的治疗上只有很小的价值，却会影响我们对于神经症形成条件的调查。[①] 毕竟，正是患者童年与自我、与他人关系的改变引起了最初的冲突。我在先前的出版物[②]与本书前面的章节中已描述过冲突的形成过程。简言之，一个小孩可能发现自己置身于威胁其内心自由、自发性、安全感与自信，总之威胁其精神核心的处境里。他感到孤独无助，其结果是，他初步尝试与别人打交道，不是其真实感情的需要，而是由其战略性需求所决定的。对他而言，不会有纯粹的喜欢或不喜欢，信

---

① 得到普遍承认的是，这种了解也有很大的预防价值。如果我们知道什么环境因素是有助于小孩成长的，什么因素是妨碍成长的，那么就打开了一条预防子孙后代神经症等级增长的路子。

② 参见卡伦·霍妮的《精神分析新方法》，前引书，第八章；与《自我分析》，前引书，第二章。

任或不信任，表达愿望或抗议别人的愿望，而是自动地想方设法来应付别人，以对自己伤害最小的方式来与他们周旋。如此演变出来的本质特征可以总结为疏离自我与他人，无助感，弥漫性的忧虑感，人际关系中敌对性的紧张，其范围从处处小心到明确的仇恨不等。

只要这种状况继续存在，神经症患者就不可能摒弃其相互冲突的倾向。相反，产生这些倾向的内心需求在神经症形成的过程中会变得更加迫切。虚假解决问题的努力会加剧患者与他人、与自己关系的混乱，这意味着问题的真正解决会变得越来越难以实现。

因此，治疗的目标只能是改变这些状况。神经症患者必须在分析师的帮助下回归自我，逐渐意识到其真实的感觉与需求，形成他自己的价值观，在其真实情感与信念的基础上建立与他人的关系。如果我们能够通过某种魔法做到这一点，对于那些冲突，不用碰它们一个指头，它们就烟消云散了。由于魔法并不存在，我们就必须了解采取什么步骤才能带来想要的变化。

每一例神经症，不论其症状多么吓人，不论看上去多么没有人情味，都是性格的紊乱，所以，治疗的任务就是分析整个神经症的性格构造。因此，我们越是明确地定义这个构造及其个人的差异，就越能精确地勾画出要做的工作。如果我们把神经症构想为一种围绕基本矛盾建立起来的防御工事，那么分析工作就能大致划分为两个部分。一个部分是仔细考察特定患者为了解决问题已经做出的无意识努力，同时要考察它们对其整个人格的影响。这将包括研究其主导性态度、理想化形象、外化作用等等的全部含义，而不去考虑它们与潜在性冲突的具体关系。在冲突尚未凸显出来之前就假定患者不可能了解并研究这些因素，是会把人引入歧途的，因为尽管它们产生于患者调和冲突的欲求，但它们也有自己的生命、重要性与影响力。

另一个部分是对冲突本身进行处理。这意味着不仅要让患者认识冲突的大致状况，而且要帮助他看清冲突究竟是怎样起作用的，也就是说，他那些互不相容的冲动及其产生的态度在特定情况下是如何互相干扰的。例如，患者有甘居下风的欲求，在逆向性施虐狂使之加剧的情况下，是如何阻碍患者赢得比赛，或在竞争性工作中胜出的；而与此同时，他那胜过别人的强烈冲动，又迫使他把胜利当成自己不可或缺的需求；或者，患者因种种原因信奉禁欲主义，这如何干扰了他对同情、喜爱与随心所欲的欲求。我们也将不得不向他揭示，他是如何穿梭于两个极端之间：例如，他一会儿过于苛求自己，一会儿又对自己迁就姑息；或者，他如何外化对自己的要求，其施虐狂冲动有可能加剧了外化倾向，而这又与他想要无所不知并原谅一切的欲求相冲撞，导致他一会儿谴责别人的所作所为，一会儿又原谅其所作所为；或者他如何一会儿没来由地自以为享有一切权利，一会儿又突然觉得自己根本没有任何权利。

此外，这部分分析工作还包括解释患者试图达到的所有不可能成功的融合与妥协。例如，解释患者为何会试图将自私与慷慨、征服与喜爱、控制与牺牲结合起来。这个部分会涉及帮助患者了解其理想化形象、外化作用等究竟是怎样效力于偷走他的冲突，怎样将它们掩藏起来并减轻其破坏力的。总之，这部分分析工作是要使患者彻底了解其冲突，以及它们对其人格的总体影响，以及它们对其症状应负的具体责任。

大体上，在这些阶段的分析工作中，患者在其中每个阶段都会做出不同类型的防御。当分析的对象是他为解决问题而做的努力时，他会专心于维护其态度与倾向中固有的主观价值，因此会抗拒对其真实性质的了解。在分析对象是其冲突时，他最关心的是要证明其冲突根本就不是冲突，因此，对其特定的强烈冲动其实是互不相容的这个事实，他会采取含糊的态度，并极度贬低其重要性。

关于分析师应向患者提起的话题应该如何排列顺序，弗洛伊德的建议是至关重要的，并且可能永远如此。他把医学治疗中的有效原则应用于分析治疗，强调在处理患者的问题时永远要重视以下两点：第一，解释应当是有益的；第二，解释应该是无害的。换言之，分析师必须牢记两个问题：第一，此时此刻患者能不能承受得了某种特定的领悟？第二，某种解释是否可能对他产生影响，并使他以积极的方式思考问题？但是，我们仍然缺乏实际的标准来衡量究竟什么是患者能够承受的，什么是有益于激发建设性思考的。不同患者在构造上的差异太大，不容许分析师在进行解释的时机把握上遵循什么教条，不过，我们可以遵守下面的原则：在患者的态度发生特定的变化之前，某些问题不可能得到有益的处理，而且在处理中会有过大的风险。在这个基础上，我们可以提出肯定可以采用的若干措施：

只要患者专注于追求被他当成救星的幻觉，那么让他面对任何主要冲突都是无益的。他必须首先认识到这些追求是无效的，并会干扰他的生活。以高度浓缩的术语而言，对于为了解决问题而做的努力应该优先于冲突进行分析。我的意思不是要千方百计地避免提及冲突。处理过程需要多大的谨慎取决于整个神经症构造的脆弱度。有些患者，如果过早向他们指出其冲突，他们可能会陷入恐慌之中。对于另一些患者而言这么做并不具有任何意义，分析师的话只会在其心里滑过去，没有造成任何印象。但从逻辑上说，只要患者还紧抓着其特定的解决办法不放，并且下意识地指望靠着它们"得过且过"，你就无法期待他对其冲突会产生任何必要的兴趣。

另一个要慎重谈及的话题是理想化形象。在此讨论在什么条件下理想化形象的某些方面可以在相当早的阶段谈及，会引得我们离题太远。不过，谨慎是明智的做法，因为理想化形象往往是患者身上唯一对他而言是真实的部分。更有甚者，它可能是为患者提供某种自尊并使他不至于淹死在自卑当中的唯一要素。患者必须已经获得了一定程度的现实力量，才能够忍受对其形象的破坏。

在分析的早期阶段处理施虐狂倾向肯定是无益的。部分原因在于存在的这些倾向与理想化形象的反差极大。甚至在较晚的阶段，对它们的察觉也往往会使患者充满恐惧与反感。但还有一条更明确的理由，促使我们把这部分的分析推延至患者已经不那么绝望并且较善随机应变时为止：在患者仍然下意识地深信间接体验的生活是他剩下的唯一出路时，他是不可能对克服其施虐狂倾向产生兴趣的。

这种关于如何把握解释时机的指南，在根据不同个体特定的性格构造进行分析时，仍然是可以用得上的。例如，对于攻击性倾向占主导地位的患者，他把感情鄙视为软弱，他为看似有力量的一切喝彩，对于他而言，必须首先调整这种态度及其所有的含义。优先处理其对人际亲密关系任何层面的欲求都是错误的，不论这种欲求在分析师看来是多么明显。患者会憎恶这一类的任何动作，认为是对其安全的威胁。他会觉得他必须提防分析师将他变成"假装乖乖讨好上司"的人。唯有在他相当坚强的时候，他才能忍受其服从与自我轻视的倾向。对待这种患者，你也必须暂时避开绝望的问题，因为他可能极不愿意承认这种感觉。绝望对他而言具有讨厌的自怜自哀的内涵，意味着可耻地承认失败。相反，如果服从倾向占主导地位，就必须首先彻底调整与"亲近人"有关的所有因素，才能着手处理控制或报复的倾向。而且，如果患者将自己视为大天才或大情人，那么处理他对遭到轻视与拒绝的恐惧就完全是浪费时间，而处理其自卑就更是徒劳无功的了。

有时候，关于在起始阶段能够处理什么问题的见解是非常有限的。当高度的外化与严格的自我理想化结合在一起的时候，就更是如此了，因为这是患者不会容忍任何瑕疵的立场。如果某种迹象向分析师表明了这种状况，那么，如果他避免做任何解释，避免哪怕是微乎其微地向患者暗示麻烦的源头就在他自己身上，他就能节省许多时间。不过，在这个阶段触及理想化形象的一些特定层面，诸如患者对自身提出的过分要求，倒是可行的。

熟悉神经症性格构造的动力也有助于分析师更快更简明地把握患者想要通过其联想表达的究竟是什么，以及因此在当时应该得到处理的是什么。他将能够从看似无足轻重的征兆中设想并预测出患者人格的一个整体层面，进而将注意力指向需要注意的要素。他的立场类似于那些内科医生的立场，他们得知患者夜间咳嗽、盗汗，下午晚些时候疲乏，便会考虑是肺结核，并在其诊查中得到相应的指导。

例如，如果患者为自己的行为道歉，乐意崇拜分析师，在其联想中展示出低调的倾向，那么分析师便会设想到与"亲近人"有关的所有因素。他会考察这是患者主导性态度的可能性；如果他发现了进一步的证据，他会试图从每个可能的角度来致力于此。同样，如果患者反复谈到他在其中感觉羞耻的那些经历，表明他从这个意义上来看待分析，分析师便会知道他必须着手处理患者对耻辱的恐惧了。而且他会选择去解释在当时最可理解的恐惧之源。例如，他会将之与患者对肯定其理想化形象的欲求联系起来，假定这种形象的某些部分已为患者所察觉的话。还有，如果患者在分析处境中表现出惰性，谈到感觉麻木，分析师便必须在当时可能的范围内着手处理其绝望。如果这正好发生在起步的时候，也许他只能够指出其意义，即患者已经放弃了自己。这时他会试图告诉患者：他的绝望不是产生于实际上绝望的处境，而是被视为一个需要去了解并最终被解决的问题。如果绝望出现在稍后的阶段，分析师或许能够将之更具体地关联到患者无望于为自己的冲突找到出路，或者无望于达到其理想化形象的高度。

以上建议采取的措施仍然为分析师的直觉、为他对患者身上所发生情况的敏感留下了足够的空间。直觉与敏感仍然是有效的、甚至是不可或缺的工具，分析师应该尽量努力去发展它们。但是运用直觉这件事并不意味着这个过程仅仅处于"艺术"王国，或在这里应用普通的常识便已足矣。对于神经症性格构造的了解使得以它为依据的推演具有严密的科学性，并使分析师能够以严谨而负责的方式进行分析。

　　不过，由于构造中个人特征的变化无穷，分析师有时候只能通过试验与犯错来进行。当我谈到犯错时，我不是指那种大错，诸如归咎于与患者不相容的动机或未能把握其基本的神经症冲动。我所想到的只是那种常见的失误，即向患者做他还没准备好去接受的解释。虽然大错是可以避免的，做出过早解释的错误却总是难以避免的。不过，如果我们对于患者对某种解释做出反应的方式极为警觉并得到相应的指导，我们就可以较为迅速地认识这种错误。在我看来我们过分强调了患者的"抗拒"这件事，过分强调了他对某种解释的接受或拒绝，而过少地强调其反应究竟意味着什么。这是不幸的，因为正是这种反应在所有细节上表明了在患者乐意处理分析师指出的问题之前必须调整的是什么。

　　下面的例子可以用来说明这个问题。一名患者意识到在其个人关系中他表现了严重的愤怒去回应同伴对他的诉求。哪怕是最合理的请求也被他视为强迫，最应得的批评也被他视为侮辱。与此同时他随意要求专门的奉献，并相当直白地表达自己的批评意见。换言之，他意识到他给予了自己一切特权，却否认同伴有任何特权。他看清楚了这种态度注定会损害甚至毁灭他的友谊和婚姻。到此为止他在分析中一直是非常积极而富有成效的。但是，在他察觉其态度的后果之后的那个阶段，他却充满了沉默；患者有了轻度的抑郁与焦虑。确实表现出来的少数联想表明强烈的退缩倾向，这与前几个小时与某个女人建立良好关系的热心形成了鲜明对照。退缩的冲动表达了互惠关系的前景对他而言是多么不可忍受：他在理论上接受了权利平等的观念，但在实际上他拒绝这种观念。虽然他的抑郁是对发现自己处于无法解脱的困境中所做出的反应，但退缩的倾向意味着他正在摸索一种解决方法。当他认识到退缩是徒劳的，并且看出除了改变其态度之外并无其他出路时，他便会关心为什么互惠关系对他而言是如此不可接受的问题了。随后立即出现的联想表明他从情感上只看见了要么拥有全部权利要么毫无权利的选择。他表达了一种忧虑：一旦他让出了任何权利，他就再也不能做他想做的事情，而非得照他人的愿望办事不可了。这反过来使得其服从与低调的倾向全场开放了，这些倾向尽管至今已被触及，但还未曾显露其全部的深度与意义。由于种种原因，患者的服从性与依赖性是非常严重的，以至于他不得不建立起虚假的防御，对自己冒称拥有所有专属的权利。要在其服从仍然是紧迫的内心需求时放弃防御，意味着作为一个个体将自己淹没。在他能够哪怕考虑一下改变其任意的解决办法之前，他的服从倾向必须得到调整。

从本书自始至终所说的一切中可以清楚地看出，你绝不可能通过简单的方法来彻底探讨一个问题；必须从各种角度一次又一次地重新将之提起。这是因为任何一种简单的态度都是来自五花八门的根源，并在神经症发展的过程中获得了新的功能。于是，举例来说，安抚与过分"容忍"的态度原本是神经症想要得到喜爱的欲求的重要部分，必须在此种欲求已经得到处理的时候才着手解决这种态度。必须在理想化形象已在考虑的时候，重新开始对这种态度的仔细考察。在那种意义上，安抚的态度将被视为患者在表达他是个圣人的古怪想法。这也牵涉到避免摩擦的欲求，这在其超然态度处于讨论中的时候是会得到理解的。还有，当患者对他人的恐惧及其从施虐狂冲动走向相反极端的情况展现出来的时候，这种态度的强迫性质就更加清楚了。在其他情况下，患者对强迫的敏感可能在最初被视为源自于其超脱的防御性态度，然后被视为其自身对权力渴望的一个投射，再往后或许被视为外化、内部强制或其他倾向的表现。

在分析过程中成型的任何神经症态度或冲突，必须从其与整个人格的关系上加以了解。这就是所谓的调整。它包括下列步骤：让患者了解特定倾向或冲突的所有公开和隐蔽的表现，帮助他认识其强迫性，使他能够对其主观价值与其不利后果都有所领会。

患者在发现某种神经症特质的时候往往通过下面的提问来回避对它的考察："怎么会弄成这个样子？"不论他是否意识到自己在这么做，他总是希望通过转向某个特定问题的历史根源来解决问题。分析师必须阻止他逃避到过去，鼓励他首先考察相关的事物，换言之，鼓励他去熟悉那个特质本身。他必须开始了解该特质自我展示的具体图景，他用来遮掩该特质的手段，以及他自己对该特质的态度。例如，倘使患者对自己变得顺从的害怕已经清晰起来了，他必须看到他是多么厌恶、害怕与蔑视自身的任何形式的低调。他必须了解他下意识地为了从其生活中消除所有服从的可能性以及与服从倾向有关的一切而设置的障碍。这时，他会明白，明显有分歧的态度是如何全都服务于这一目的；他如何麻木了他对他人的敏感，到了对其感情、欲望或反应全无知觉的程度；这如何使得他变得毫不替别人着想；他如何扼杀了对他人的喜爱，也扼杀了想要被他们所喜欢的欲望；他如何贬低他人身上的柔情与善良；他如何往往自动地拒绝别人的请求；他如何在个人交往中觉得自己有资格喜怒无常、横加指责并要求苛刻，却否认同伴拥有任何这样的特权。或者，如果是患者的全能感进入了分析的焦点，让他意识到自己有这种感觉还是不够的。他必须看到他如何从早到晚都在为自己设定不可能完成的任务；例如，他是如何认为自己应该能够飞速写出一篇有关某个复杂课题的光辉论文；他是如何期待自己尽管已经精疲力竭仍然能够兴致盎然、才智焕发；在分析中他是如何指望只要对某个问题投去一瞥便能将它解决掉。

接下来，患者必须了解他被迫按照特定的倾向去行动，而无关于甚至背离于自己的欲望或最大利益。他必须认识到，这种强迫是肆意妄为的，通常与实际环境无关。例如，他必须看到，他那吹毛求疵的态度既是指向朋友也是指向敌人；他会责备同伴而不管其行为如何：如果同伴和蔼可亲，他会怀疑同伴为了某件事内疚于心；如果同伴维护自己，他便责备同伴专横跋扈；如果同伴让步了，他便指责同伴是个软骨头；如果同伴喜欢跟他在一起，他便说同伴太容易被利用；如果同伴拒绝了什么，他便说同伴小气；等等。或者，如果正在讨论的这种态度是患者不确定自己是否被人需要或是否受人欢迎，他必须意识到这种态度是固执地枉顾所有相反的证据。了解一种倾向的强迫性也包括认识对其挫败所做的反应。例如，如果冒头的这种倾向关系到患者想要得到喜爱的欲求，他就必须看到任何有关拒绝或友好度减少的征兆都会使他感到失落与惊恐，不管这种征兆小到什么程度，或者无论对方对他而言是多么无足轻重。

这些步骤的第一步向患者显示了其特定问题的程度，第二步则是让他牢记问题背后的那些力量是多么强烈。二者都会唤起进一步仔细观察的兴趣。

当当进入考察特定倾向主观价值的步骤时，患者本人往往会热衷于主动提供情报。他可能指出，他反抗与蔑视权威人士或一切类似于压制的东西是有必要的，并且的确是可以救命的，因为不这样他就会被霸道的父母所压制；优越感的想法曾经有助于或者仍然有助于让他在面对自尊不足的时候能够挺下去；他的超然态度或他的"不理睬"态度则保护他免受伤害。的确，这种联想是从防卫精神中涌现出来的，但它们也具有启示作用。它们让我们了解了一些事情，即有关特定态度一开始就会养成的原因，因此也向我们表明了其历史意义，让我们更好地了解患者的发展过程。但还不止如此，它们引领我们去了解这种倾向目前的功能。从治疗的观点来看，这些都是具有头等利害关系的功能。任何神经症倾向或冲突都不仅仅是过去的遗物——也可以说不仅仅是一旦建立就会坚持下去的习惯。我们可以肯定它是由现存性格构造内部的紧迫需求所决定的。仅仅了解某种神经症特性原本为什么会养成，只具有次要的价值，因为我们必须改变的是目前正在运行的力量。

大致而言，任何神经症处境的主观价值都在于抗衡另外的某种神经症倾向。因此，对这些价值的彻底理解会指示我们在特定情况下应如何进行。例如，如果我们察觉到患者无法放弃其全能感，其原因是它容许患者将其潜能误当成现实，将其辉煌的计划误当成实际的成就，那么我们就会知道我们必须考察他在何种程度上是生活在想象之中。如果他让我们看到他如此生活是为了确保自己不会失败，那么我们的注意力就应该指向导致他不仅预测自己会失败而且总是害怕失败的那些因素。

最重要的治疗步骤是让患者看到奖章的背面：其神经症冲动与冲突的令人失去能力的影响。这项工作的某些部分已经包含在先前的步骤中了；但必不可少的是要把场景巨细无遗地展示出来。唯有这时患者才会真切地感受到改变的需要。由于每个神经症患者都是被迫维持现状的，所以必须有一种强大到足以压倒阻力的诱因。然而，这样的诱因只能来自他对内心自由、幸福与成长的欲望，来自认识到神经症的每一种麻烦都会妨碍这种愿望的实现。于是，如果他倾向于贬低性的自我批评，那么他必须看到这是如何浪费他的自尊，如何没有给他留下希望；它如何使自己感到多余，强迫他忍受虐待，这反过来又如何致使他有了报复心；它如何麻痹他对工作的兴趣与能力；为了不至于掉进自卑的深渊，他如何被迫采取诸如自我膨胀、自我疏

214

离、感觉自己不真实之类的防御性态度，以此来保证其神经症长命百岁。

同样，当某种特定的冲突在分析过程中已经显露出来的时候，必须让患者知晓其对他生活的影响。在谦让倾向与求胜心之间发生冲突的情况下，就必须了解逆转虐待狂中固有的所有钳制性压抑。患者必须了解他是如何以自卑、以对他所屈从的那个人的愤怒来回应每个谦让行为；另一方面，他是如何以对自己的嫌恶和对报复的担心来回应为了胜过某人而做出的每一次努力。

有时候，患者哪怕在对不利后果有了全面察觉的时候，仍然对克服特定的神经症态度表现得漠不关心。相反，问题似乎淡出了场景。他几乎是麻木不仁地将之推开，而且一无所获。鉴于他已经看到了他加于自身的所有伤害，他的缺乏回应是异常的。不过，除非分析师非常机敏地了解了这种反应，患者的缺乏兴趣可能不会引起他的注意。患者谈起了另一个话题，分析师跟随他，直到他们又走进了一个类似的绝境。只是在很久以后，分析师才会察觉，患者身上发生的变化与分析师的工作量是不相称的。

如果分析师懂得这种反应偶尔是会发生的，他便会自问：究竟是什么因素作用于患者的内心，阻止患者承认自己必须先改变会带来一系列有害后果的特定态度呢？通常，这样的因素会有很多，要把它们处理掉，只能一点儿一点儿地进行。患者可能仍然因绝望而太麻木，无法考虑自己会有可能改变。他的胜过分析师、挫败分析师、让分析师丢人现眼的冲动，可能压倒了他的利己之心。他的外化倾向仍然非常强大，以至于尽管他认识到了后果，他仍然无法把这种领悟应用到自己身上。他对全能感的欲求可能仍然非常强烈，使他有了心理上的保留，认为自己能够绕开不利的后果。其理想化形象可能仍然非常严格，使他无法承认自己有什么神经症态度或冲突。于是他只是对自己生气而已，觉得他既然意识到了自己的问题，单凭这一点就应该能够掌控它。了解这些可能性是很重要的，因为，如果分析师忽略了扼杀患者改变诱因的那些因素，他的分析就容易退化为休斯顿·彼得森所谓的"心理学躁狂症"，即为心理学而心理学。让患者接受处在这种环境下的自己应被视为明显的收获。哪怕冲突本身没有发生任何改变，他也会如释重负，并开始显示一些迹象，表明他想要挣脱把他困在其中的那张网。一旦建立了这种有利于工作的条件，变化就会立即发生。

不不用说，以上的介绍并非关于分析技术的论述。我刻意既不涉及在分析过程中起作用的所有会使症状恶化的因素，也不涉及所有会起疗效的因素。例如，我没有讨论，在患者将其防御性与攻击性的所有特性带入其与分析师的关系中的情况下，会有什么相关的利弊，尽管这是一个具有很大意义的因

216

素。我所描述的那些步骤，仅仅是每当一种新倾向或新冲突显露出来时都必须经历的基本过程。按照既定的顺序进行分析往往是不可能的，因为某个问题可能是患者无法理解的，哪怕它已经进入了清晰的焦点。如同我们在有关冒称权利的那个例子里所看到的一样，一个问题可能只是揭露了必须马上得到分析的另一个问题。只要分析过程最终会涉及每个步骤，顺序就是次要的了。

分析工作取得的具体症状的改变自然会随处理的课题而有所不同。当患者了解其下意识的无奈的愤怒及其背景时，恐慌的状态可能会平息下去。当他看清了自己陷入其中的困境时，抑郁便会消失。但每一段分析如果做得出色，也会使患者对他人与对他自己的态度发生某种总体性的改变，这种改变的发生无关于已经得到解决的那个特定问题。如果我们要处理一些不同的问题，例如对性的过分强调、认为自己会心想事成或者对压制的超敏性，我们就会发现，对这些问题的分析会以相差无几的方式影响人格。无论麻烦的是这些麻烦中的哪一种，敌对、绝望、恐惧以及对自我与他人的疏离，一律都会减轻。例如，让我们考虑一下每种病例中对自我的疏离是如何减轻的。某人过分强调性，觉得自己仅仅活在性体验与性憧憬之中；他的胜败都局限在性的范围之内；他在自己身上唯一看重的资本是他的性魅力。只有当他明白了这种情况的时候，他才能够开始对生活的其他方面感兴趣，于是才能恢复自己的本色。一个人，如果对他而言现实局限于他自己想象中的宏图大业，那么他已经不把自己当成正常运转的人了。他既看不见自己的局限性也看不见自己的实际资本。通过分析工作他不再将其潜能误会为成就了；他能够不仅面对而且看到自己的真实情况。对压制具有超敏性的人，已经忘却了他自己的欲望与信念，觉得是别人在控制他、利用他。当这种情况得到分析时，他开始了解他真正想要的是什么，因此能够为自己的目标而奋斗。

在每一例分析中，受到压抑的敌意，不论其种类与源头如何，都会发作出来，使患者一时更加易怒。但是每当某种神经症态度被放弃的时候，不合理的敌意都会减轻。当患者明白自己也对造成困境负有一份责任而不去进行外化的时候，当他变得不那么容易受伤的时候，当他不那么害怕、不那么依赖、不那么苛求以及等等的时候，他的敌意就会减轻。

敌意的减轻主要是由于绝望的减少。一个人越是变得坚强，他就越少感到他人的威胁。力量的获得来自不同的源头。他的重心，曾经转向了他人，现在回到了他自己心里；他感觉自己更活跃了，开始建立自己的价值观。他会逐渐具有更多可用的能量：曾经用于压抑其部分自我的能量被释放了；他变得不那么拘谨，不那么被恐惧、自卑与绝望所麻痹。他既不再盲目地服从，也不会盲目地战斗或发泄施虐狂冲动，他能够在合理的基础上让步，因而变得更加坚定。

最后，尽管既有防御的削弱一时激起了焦虑，但采取的每个有利的步骤一定会将之减轻，因为患者变得不那么害怕别人和自己了。

这些改变的总体结果是患者改善了与他人、与自己的关系。他变得不那么孤立；他变得更加坚强，较少有敌意，到了这样的程度：别人逐渐不再是必须对抗、操纵或回避的威胁。他负担得起对他们的友好感情。他与自己的关系改善了，因为外化被放弃了，自卑消失不见了。

如果我们考察分析中发生的变化，我们便会看到，发生变化的正是导致原始冲突的那些状态。在神经症形成过程中，所有的精神压力都会变得更加严重，而治疗所走的路子则刚好相反。患者在面对绝望、恐惧、敌意和孤独时为了应付世界而采取的态度变得越来越没有意义，因此能够逐渐地放弃了。的确，不论何人，如果他有能力在平等的基础上与人交往，他干吗要为那些他憎恨的人和伤害他感情的人埋没或牺牲自己呢？不论何人，如果他内心觉得安全并能和他人一起生活与奋斗而不用老是害怕灭顶之灾，他又何苦对权力与认可贪得无厌呢？不论何人，如果他能够去爱并不害怕竞争，他又何苦急于避免跟别人扯上关系呢？

做这项工作需要时间；一个人陷得越深，障碍越多，需要的时间就越长。人们会想要简短的分析疗法，其心情是很好理解的。我们希望看到更多的人从所有的分析中受益，我们认为有所帮助总好过毫无帮助。的确，神经症的严重程度大不相同，而轻度的神经症可以在比较短的时期内得到帮助。虽然简短心理治疗的某些实验是有前途的，但不幸的是，其中许多是建立在一厢情愿的基础上，而进行这种实验的人并不知晓在神经症中起作用的力量有多么强大。我相信，在重度神经症的病例中，只有通过大大加深我们对神经症性格构造的了解从而少费一些时间去摸索如何进行解释，才能缩短分析的过程。

幸好，精神分析并不是解决内心冲突的唯一办法。生活本身仍然是非常有效的治疗师。人们会有种种经历，其中任何一种经历对于人格的改变都可能具有足够的效果。它可能是某个真正伟大人物树立的鼓舞人心的榜样；它可能是一个共同的悲剧，使得神经症患者与他人发生亲密的接触，从而将他领出其自我中心的孤独；它可能是跟一些人的交往，患者跟这些人非常意气相投，以至于对之进行操纵或回避似乎都没什么必要了。在另一些病例中，神经症行为的后果可能非常极端，或发生得十分频繁，给神经症患者留下了深刻的印象，使得他们不那么恐惧、不那么顽固了。

不过，由生活本身取得的疗效是人无法掌控的。我们无法人为地安排一种艰苦的生活、一段友谊或一种宗教体验来满足特定个人的需求。作为治疗师，生活是无情的；有助于某个神经症患者的环境可能会彻底压垮另一名患者。而且，如同我们已经看到的，神经症患者了解其神经症行为的后果并从中吸取教训的能力是高度有限的。我们宁可说，如果患者已经获得了这种从自身经验中吸取教训的能力，也就是说，如果他能够考察自己在出现的麻烦中应负的责任，认识这种责任，并将这种领悟应用于他的生活，那么分析工作便能安全结束。

我们已经认识到冲突在神经症中所起的作用，认识到冲突是能够被解决的，这使我们有必要重新定义分析治疗的目标。尽管许多神经症困扰属于医学范畴，但用医学术语来定义目标是行不通的。由于就连受心理影响的疾病从根本上说也是人格内部冲突的终极表现，所以治疗的目标必须用人格的术语来定义。

于是可以看出它们包含了许多目的。患者必须获得对自己承担责任的能力，其意义是觉得他是自己生活中积极负责的力量，他能做决定，并能承担后果。随之而来的是承认对他人的责任，愿意承认他认为有价值的义务，不论它们是关系到他的孩子、父母、朋友、雇员、同事、社区，还是关系到国家。

与此密切关联的目标是获得内心独立，这个目标是决不没来由地蔑视他人的意见与信念，也同样决不对它们照单全收。

这主要意味着使患者建立起自己的价值层级并将之应用于其实际生活。关于他人，这会牵涉到尊重他们的个性与权利，于是将会成为真正互惠关系的基础。它会与真正的民主理想相一致。

我们能够根据感觉的自发性来定义这些目标，这是感觉的意识与活力，无论其关于爱还是恨，幸福还是悲哀，恐惧还是欲望。这将包括表达的能力与随意控制的能力。由于爱与交友的能力至关重要，所以在此要特别提到；爱既非寄生性的依赖也非施虐狂的控制，用麦克姆雷的话来说，[①] 它是"不具有本身之外目的的一种关系；我们加入其中，是因为人类分享其体验、相互理解、在共同生活中找到快乐与满足、彼此表达并展示自己，都是出于本性的"。

治疗目标最全面的构想是努力要做到全心全意：没有伪装，情感诚挚，能够全身心地投入自己的感情、自己的生活、自己的信念。冲突解决了多少，就向目标接近了多少。

这些目标不是任意设定的，它们成为有效的治疗目标，不仅仅因为它们与古往今来的智者追求的目标相一致。但这种一致性并非偶然，因为这些都是精神健康所依赖的要素。我们规划这些目标是有正当理由的，因为它们在逻辑上是产生于对神经症中病原性因素的了解。

---

① 约翰·麦克姆雷，上引书。

我们敢于提出如此高的目标，是依仗着对于人类性格能够改变的信念。并非只有幼儿才是柔韧的。我们所有人，只要我们还活着，就都保留了变化的能力，甚至从根本上改变的能力。这种信念得到了经验的支持。精神分析是带来根本变化的最有效手段之一，我们越是深入地了解在神经症中起作用的力量，就有越大的机会使想要的变化发生。

　　分析师与患者都不可能完全达到这些目标。它们是为之奋斗的理想；它们的实际价值在于它们在我们的治疗与我们的生活中给我们指出了方向。如果我们不清楚理想的意义，我们会冒着风险用新的理想化形象来取代那个旧的。我们也必须知晓，将患者转换为毫无瑕疵的人是分析师力所不能及的事情。他只能帮助患者变得自由，朝着接近这些理想而努力。这意味着也给了他自己一个机会去成熟去发展。

馔工厂 轻经典

出品人：许 永
出版统筹：林园林
责任编辑：许宗华
特邀编辑：王佩佩
装帧设计：海 云
印制总监：蒋 波
发行总监：田峰峥

投稿信箱：cmsdbj@163.com
发　　行：北京创美汇品图书有限公司
发行热线：010-59799930